悦读
文库

胡雪漫

著

# 沿着花开的方向，用生命阅读时光

江西教育出版社
JIANGXI EDUCATION PUBLISHING HOUSE

图书在版编目（ＣＩＰ）数据

沿着花开的方向，用生命阅读时光 / 胡雪漫著 . --
南昌 ： 江西教育出版社，2016.12（2019.7 重印）
（悦读文库）
ISBN 978-7-5392-9204-5

Ⅰ ． ①沿… Ⅱ ． ①胡… Ⅲ ． ①故事－作品集－中国－
当代 Ⅳ ． ① I247.81

中国版本图书馆 CIP 数据核字 (2016) 第 305976 号

沿着花开的方向，用生命阅读时光
YANZHEHUAKAIDEFANGXIANG YONGSHENGMINGYUEDUSHIGUANG

胡雪漫　著

**江西教育出版社出版**

（ 南昌市抚河北路 291 号　邮编： 330008)
各地新华书店经销
石家庄继文印刷有限公司
720mm×1000mm　16 开本　13 印张
2017 年 3 月第 1 版　2019 年 7 月第 5 次印刷
ISBN 978-7-5392-9204-5
**定价： 26.00 元**

赣教版图书如有印制质量问题，请向我社调换　　电话：0791-86710427
投稿邮箱：JXJYCBS@163.com　　电话：0791-86705643
网址：http://www.jxeph.com

赣版权登字 -02-2016-747

目 录

第一辑
吟唱，叹人间美色，沿着花开的
方向

济州岛的春暖花开 /2

樱花的烂漫与忧伤 /4

初春，一个人的暖阳 /8

最美不过人间四月天 /10

五月的情怀 /12

人间美景，绝非偶然——最美不过
丹霞山 /15

走进烟台，冰心与海 /18

朝鲜，与你擦肩而过的心碎 /20

长白山，与你相约那一秋的天池 /23

梦回西施故里，情满诸暨五泄 /26

有一种旅行，叫呼伦贝尔 /29

深冬，那片醉人的银杏林 /35

我的梦里水乡——醉美不过清江画廊 /38

第二辑
呼唤，寻心灵之声，闪耀着爱的
光芒

颈间的风景，腕边的风情 /42

教师节的情怀 /44

小月饼里的大道理 /47

中秋，那一滩难忘的乡愁 /51

向往慢生活 /54

审视"看世界" /57

你微信了吗 /60

把年过好 /63

为逝者祈福 /66

当林黛玉遇上薛宝钗 /69

狼性与人性的生死博弈 /73

"鸡头"与"凤尾" /76

我和冬天有个约定 /79

失孤路上不孤单 /81

漫漫修行路，始于足下 /84

为心灵寻得一方净土 /86

从茅盾文学奖评奖说开去 /88

第三辑

凝望，蓦然回首处，用生命阅读

青春

一起逝去的青春 /92

又是一年毕业季 /94

爱恨交加武汉城 /96

明星们的童年 /100

梦中的油纸伞 /102

生命，因劳动而美丽 /105

银碗里盛雪，月白天青——初见雪

小禅 /107

人生如茶，千古信阳 /112

千年之后的"主角"/115

当你深深爱上一座城 /119

——"洋雷锋"加力布在武汉的美丽

生活 /119

岁月静好，做一名淡香女子 /122

第四辑

亲情，盈一世暖香，就这样走过

时光

三朵金花 /126

教师家族 /133

笨笨的纯真 /136

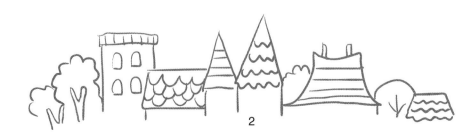

父亲的选择 /139

这个冬天不太冷 /144

腊八粥里的流年 /146

我那美丽的傻母亲 /148

捧在手心里的粽香 /152

生命如歌，父爱如山 /155

小小的身体大大的爱 /159

那一场惊心动魄的生死劫 /162

让孩子做一个在快乐中实现理想
的人 /166

爱孩子更要懂孩子 /170

父母偷点"懒"，能成就小大人 /172

华弟，你在天堂还好吗？/175

**第五辑**
**爱情，若一朵清荷，月下似水又
流年**

相遇，在最美的时刻 /182

爱一个人，浅浅就好 /185

想爱时，愿你在身旁 /189

有位佳人，在水一方 /192

白天不懂夜的黑 /195

初恋，在生命的枝头万紫千红 /197

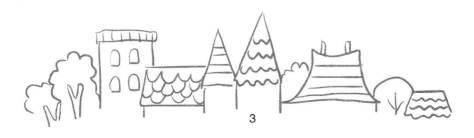

第一辑

吟唱，叹人间美色，沿着花开的方向

# 济州岛的春暖花开

多少个梦醒时分，回眸忆起的竟是济州岛那春天温情浪漫的花海。韩国电影里令人神往的绝色美景，终于让我下定决心，在那个春暖花开的日子里，背起行囊，收起忧伤，开始一场异国他乡的旅行。

春天的济州岛美丽动人。它四面环海，奇岩怪石与瀑布峰峦交相辉映。绵长宽阔的海岸线将济州岛数不尽的美景串联起来。春风吹过济州岛，新芽吐绿，粉红菲菲。

清晨八点，带着迫不及待的心情，我们驱车前往城山日出峰观看济州岛春天的花海。一路上，粉红樱花恣意开放。不管是伟岸大气的沿海大道，还是偏僻冷清的乡村小路，樱花的温情和浪漫，时时刻刻让你感受到新春的气息和一路美不胜收的愉悦。

下了车，春心荡漾。山下空气清新怡人，草味花香扑鼻而来。灿烂的阳光透过蓝天白云，带着让人感激的温暖。微风如涓涓细流，流淌在明媚的春色里。

沿山而上，如履仙境。费了九牛二虎之力，终于登上山顶。一眼望去，城山浦沿岸的美丽风光尽收眼底。水天一色的大海和绿野山川在美丽的阳光中尽情享受着清新芬芳的空气。一眼望不尽的油菜花在微风中摇曳，花

香浓郁、金黄璀璨，漫山遍野开得让人心花怒放。它时而清秀温婉，如诗情画意；时而气势磅礴，如江河滔滔。

有人说，涉地岬是赏油菜花的最好去处，汉拿山是最佳的观景台。但我觉得此处野生草原的清凉、悠然吃草的马群、古老的灯塔及蔚蓝的大海更令人心醉。油菜花的温柔无处不在，遍地一片金黄，如海一般的麦浪，似乎都在守候着春天的到来……一幅完美春天的油画跃然眼前，百花齐放，恰如邻家女孩在尚未融化的冰雪中盛开，绽放出生命的美丽。

我轻轻地闭上眼睛，伸开双臂，静静地感受着大自然的氤氲气息，以为时间就此定格。待我回过神来，对面手拉手走过来一对恩爱情侣，让我忽然想起，曾经也有这样一个人，在这样美丽纯净的时分，温柔地牵着我的小手，漫步在这样的春风里……

沿山而下，却已日上三竿。而城山日出峰悠远旷达的意境，却还让我沉醉于其中，恋恋不舍。

一切交织成济州岛春天的颜色：新绿、金黄、粉红、蔚蓝。到处弥漫着绚烂和芬芳！

这就是我第一次异国旅行感受到的济州岛，寸草寸土都充满灵气，花香四溢。一个富足淳朴的桃源。岛上的人们勤劳善良，纯净质朴，过着恬静的田园生活。樱花的粉、油菜花的黄、城山的绿、大海的蓝构成一幅五彩缤纷的图画，组成生命中那一份不能错过的感动。济州人就像这里的春天，轻柔而生机勃勃。

我爱春天，更爱这座春天的岛屿。济州岛是那样地安静，如同一场唯美的韩国电影，浪漫温馨地流淌着历史的点点滴滴。

我要温柔而幸福地生活。当我漫步在济州岛温柔的春风里，路上行人很少，世界仿佛都安静下来。人生在这里，没有什么不可以忘却！

我想有间海边的房子，面朝大海，春暖花开……

# 樱花的烂漫与忧伤

　　树枝悄悄地爆出翠绿的新芽，就连阳春三月还颇有点凉意的风也温暖开来……

　　多好，春天快到了，樱花也该开了。

　　记得那是第三次去看樱花了！

　　前两次看樱花，可惜赏花人太多，人潮拥挤中，印象太稀疏，脑海里一点也留不住樱花的影子。回去后心里只是感叹："樱花，也不过如此！"

　　那次看樱花，是一个人。或许只是想逃离这座城市的高楼林立和繁杂喧嚣，一个人静静地去感受樱花纯洁无瑕的气息。因为不记得从哪天起，我明净的视野常常被漫天的烟雾和尘埃所弥漫。仰首，再也看不见湛蓝的天空和如雪的白云。低眉，也只剩下满目深深的无奈与忧伤。

　　然而天公不作美。刚走进武汉大学的校门，阴云就浮浮沉沉。丝丝酸楚瞬间涌上心头，难道是因为前两次看见的樱花都是绚烂阳光下的美丽花影，又或许只是我钟情于赏花的一厢情愿而导致的自我解嘲？

　　带着复杂的心情，漫步于芬芳扑鼻的樱花大道。一路走，一路拍，却也偶遇点点惊喜。典雅凝重的大学古建筑掩映于苍天古树之中，林子里各种鸟儿的歌声，高等学府厚德载物的文化氛围与学习精神，让我竟然无法

从繁忙的目光中挤出一点余光来光顾这美丽的樱花。就这样，等快走到了尽头，我才回过神来。原来自己错过了和樱花的亲密接触，差点与它擦肩而过。

于是，返道而回，我就格外注意这些洁白如雪、粉嫩如画的樱花了。和其他的树一样，盛开时节，它繁花满枝、绚丽多彩，满树的雪白或粉红。抬眼看去，只见花海不见天，整个晶莹透亮的世界。

我在人群中慢慢踱步，越往里走，花越密，而樱花已烂漫至极，我深深地陷落在樱花的海洋里。当落英缤纷的时候，满地琼瑶，美丽娴静，仿佛一层浅浅的花毯，瞬间开满我的心扉，使我不忍踩上去。游人如织，身后的樱花在春风里摇曳，春天不仅消融在樱花的色彩里，也弥漫在樱花的清香里。

累了，转入花丛深处的一个角落，坐下休息。正欲拾些花瓣回家，体验黛玉葬花般的情怀。可眼前触目惊心的不是花瓣摇曳多姿的色彩和倒影，而是一堆游客随手扔下的垃圾。这堆垃圾与樱花的美丽显然极不相称，我心中蓦然升起一股怒火。是谁，抹黑了这洁白的世界，玷污了人们纯净的视野？若隐若现的迷茫带领那些趋向完美的人对这雪白世界的忽略。为什么历史的文明在飞速前进，而人类的素质却在快速倒退？

晶莹的花瓣像雪花一样飘落在我的发上，可我的内心再也泛不起一丝喜悦的浪花。浪漫的樱花，在厚重、古朴、典雅的文化气息掩盖下，被所有来赏花的人所追逐、仰慕。它自身的美丽使得成千上万的人千里迢迢，为的只是看它一眼。然而，那些赏花人或许是失望的，因为他们不仅看到了樱花的美丽烂漫，还感受到了樱花深深的忧伤。

千百年来，人们一直生活在碧水蓝天白云之下。然而，这美好的一切都只留在昔日的记忆里。当一片片雾霾遮住人们的视野，当一缕缕汽车尾气冲向蔚蓝的天空，当一股股污水流入祖国的江河湖海，当一片片森林倾

倒在祖国的山脊……你将看到的只剩下暗淡无光的天空，绿装枯槁的原野，清水断流的江河和地球妈妈的满眼泪光！

然而，这就是现实、生活和人生！都市的人们，居住在高楼之间，没有青山绿水，没有小桥轻舟。川流不息的车辆，匆匆忙碌的人群。我们还能到哪里去悠然采菊东篱下？即使偶尔也能在城市的公园里划船游玩、踏青赏花，却难体会到李清照诗意里的那番悠然之意境。

毫无疑问，人类是破坏地球、影响环境者。

我努力让自己平静下来，轻轻抚摸头发上沾着的花瓣，迫切地想要抓住这仅存的一点美好。可是，我发觉它是那么让人难以琢磨。我想抓住它，它却悄悄溜走了……

闭上眼睛，静静地感受樱花花瓣随意飘落在脸上的恣意。一条弯曲的小路正伸向远方，仿佛很远很远，又仿佛很近很近。我把樱花藏在眼里，它是如此的纯洁；我把它抚在手心，它是如此的寂寞；我把它放回梦里，它却随风而逝。它的存在因为它的美丽，而我烦恼的思绪却无处躲藏，我仿佛听见了樱花真切的呐喊和呼唤。

它呼唤明澈清纯如水的天空，它呼唤绿丝清新荡漾的树林，它呼唤碧空中洗净过的流云，它呼唤照耀万物生长的阳光，它呼唤辛勤装点大地的绿色，它呼唤能唤醒人类灵魂的精神文明！

我，也要在繁华都市寻找我的那片"世外樱源"。那是一种不沾尘世的追求。那里只有绿地，没有荒山；只有阳光，没有黑暗；只有文明，没有野蛮。

那里生生不息的万物和谐生存，春有鸟语花香，夏有碧水荡漾，秋有硕果金黄，冬有白雪皑皑。那就是我们赖以生存的绿色地球和美丽家园，让绿和我们一起诗意地栖居。让我们带着文明行走于山水之间，从小事做起，一点一滴，祖国的将来定是一片绿水青山！

　　缓缓地，待我睁开眼来，天气已经好转。在满天的樱花花瓣里，是一隅明净如水的蓝天。我仿佛看到，透过繁华的城市街头、高楼大厦、车嚣耳鸣，我那纯净的内心，正弥漫着樱花淡淡的清香……

# 初春，一个人的暖阳

不知不觉，暖阳高照，已是初春。

很久没有好好地感受初春的味道了。在我的印象里，总是在冰冷刺骨、寒风凛冽的深冬之后，初春才会姗姗来迟。有时候的初春甚至还带着深冬的余味。穿着厚厚白色羽绒服、戴着帽子的人随处可见。或许，这只是初春眷念深冬的一片痴情吧！

而我，在这初春暖阳的季节里，什么都不去想，只想一个人坐在宽敞的阳台上，沏一杯热热的咖啡，捧一本精美的散文，静静地享受这初春的暖阳，拥有这最美好的初春时光。初春的暖阳，犹如一片金灿灿的油菜花，鲜艳而明亮；初春的暖阳，仿佛一位美丽的花仙子，为我插上金色的翅膀；初春的暖阳，是那样的和煦柔美，又充满芳香；初春的暖阳，如人间仙境，照射到每个人单纯的心灵，神秘而充满向往。当我抬头仰望那一片蓝天，初春的暖阳倾泻而下，洒满整个阳台，瞬间温暖了我的整个心扉。于是，这时候，人是暖暖的，心也是暖暖的，整个世界都是暖暖的。

而一些生活在繁华都市的男男女女，早已被这浮躁的世界蒙蔽了眼睛。他们的内心很少再有纯净和安然，也不会有可爱和天真，更不会有纯洁和善良。他们只知道如何死命地工作，如何想办法赚钱，如何不择手段在人

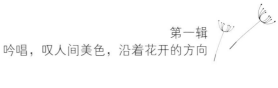

世间生存,如何残忍地弱肉强食。他们太过物质,已经完全忽略了精神世界,忽略了精神养分的汲取。渐渐地,人们的心便蒙上了阴影,人也变得想要逃离。想要去寻找世间的一处心灵之地,想要找回曾经那遗失的美好。于是,当阳光洒满我的裙身,我的心便四处游历,来来回回,想要飞向那心中极向往之处……

闭上眼睛,我仿佛推开一扇尘封已久的大门。那里,一年四季看不见任何雨露冰雪和烟雾霾霾。那里只有绿地,没有荒山;只有阳光,没有黑暗;只有文明,没有野蛮。那里生生不息的万物和谐生存,那是一种不沾尘世的追求。那里的人们,每个人都被阳光照射变成了金黄色;那里的人们,脸上绽开的永远只有幸福洋溢的笑容;那里的人们,没有痛苦疾病和婉转沧桑;那里的人们,淳朴自然、心灵手巧;那里的人们,悠然采菊东篱下,伴着流水在门前或浅笑低吟,或放声歌唱。那里是人间天堂,白日里水光接天,湖光山色,相得益彰;夜色中明月清风,荷香四溢,令人心旷神怡。

一阵微风拂来,让我从梦里回到了现实。天空依然万里无云,蔚蓝如海。在这明媚的初春,我怀揣着一颗暖暖的心,晒着一个人的暖阳,仿佛看见儿时我家门前那一片耀眼的绿,那一抹粉色的月牙船……

# 最美不过人间四月天

你若安好，便是晴天，最美不过人间四月天！

四月的天，是如此的天蓝广阔。清晨，推窗倚栏而望，远方的远方，永远是一际天蓝。白云朵朵飘浮，自由展翅的鸟儿尽情飞翔，去寻找属于它们的希望。温暖的阳光倾泻而下，照在人们身上暖洋洋的。远处密密麻麻的高楼林立、参差交错。原本在城市里生活太久的人们，在这人间四月天的熏陶下，倒也不觉得平日里那冰冷死板的建筑群让人碍眼，反而会有一种相得益彰的美感。而这种感觉，不在于建筑物本身，只是因为这人间四月天，如此好的天气，如此多的温暖，如此的鸟语花香，如此的叶茂枝繁。

又或者，这人间四月天的清新感觉是源于春天悄悄的脚步。寒冬刚刚恋恋不舍地离去，媚春便信心满满地踏步而来。春姑娘即使万般羞涩，也绝不会吝惜于把温暖的人间四月天送入人们的怀抱。她就如一位温柔慈祥的母亲，敞开春天的怀抱来拥抱大地万物。几场春雨，几朵樱花，隐蔽在城市中的亭台小院里。院中湿润的青苔在雨中纯净地生长。寂寞是那样的叫人心动，或许，只有在此刻，在这最美的人间四月天，烦人的琐事才会烟消云散。凉风吹起书页，这朦胧的烟雨便尘封在书卷的优美辞章里。

在这人间四月天里，翻起书页，让我想起了多情才子徐志摩。但我最

喜欢的却不是徐志摩，而是徐志摩深爱的，为之写了《再别康桥》绝美诗句的那个女子林徽因。林徽因是典型的江南水乡女子，出身于杭州书香门第，如一朵清世脱俗的白莲。从小仰慕她的才情、智慧与美貌并存。多少次梦中，都梦想着自己能像林徽因那样，有着无限人格魅力和婉约风情。如此优雅，如此温婉，如此有思想和才学的女人，就仿佛人间这四月天，清新、养眼、迷人，永远让人感觉舒坦，如雨后透明的天空，洗去铅华，清明绝静。

时光微凉，这个季节，不知道有多少人，也会像我一样记得林徽因这样的女子，曾经走过人间四月天，历经了人生的悲欢离合，谱写了她人生中壮丽的爱情之歌。她在我眼里，是如此冰洁的女子。没有任何女子有她这样的爱情胆识。她一生中爱过三个男子。徐志摩为了她徜徉在康桥，在雨雾伦敦历经过一场空前绝后的康桥之恋；梁思成与她携手走过万水千山，为完成使命而相约白头；金岳霖为了她则终身不娶，痴心不改地守候一生。可她爱得清醒，也爱得平静。所以，当爱情接踵而至的时候，她会做短暂的停留，又会坚决地离开。那决绝却无比优雅的背影，把她的内心映衬得如此山明水秀、一清二白。

一幕幕往事被春水浸泡，在这最美的人间四月天，再也不用为了城市的烦嚣而纷扰，独自一人，懒散在僻静幽深的小院，为那个一袭素色白衣的明净女子，青梅煮酒，化身为燕，找寻心中已经慢慢消逝的流年……

# 五月的情怀

　　"长亭外，古道边，芳草碧连天。晚风拂柳笛声残，夕阳山外山……"不知不觉中，已到了春意盎然的五月。蛙鸣虫叫，草木峥嵘，鱼跃雀散，姹紫嫣红。春天的旷野已是人声鼎沸，扶摇而上的风筝快乐地投入蓝天白云的怀抱，地上的人们身披春日灿烂的霞光，舒展着筋骨攒足了劲儿，步入苍翠欲滴的原野，卸下烦琐的思绪，放飞回归自然的绿色情怀。

　　五月，是春色满园关不住的烂漫季节。那极目春色惹人的缤纷和秀丽，当春雨拂过原野，惊起一层浪漫的春意。山上百花争艳，竞相绽放。粉红色的桃花片片相连，如彩霞般妖娆迷人；洁白如雪的梨花堆堆簇拥，如小女孩般天真纯洁；一道道开满杜鹃花的山梁就像垂挂着一幅幅土家人精美编织的西兰卡普，开得漫山遍野，五彩缤纷。而山下的一亩亩麦苗碧绿如海，一坝接着一坝；金灿灿的油菜花正在蓬勃生长，就像铺散着一轴泼彩如潮的天然金色画卷；还有那片散发着淡淡清香的槐树林，翠绿的叶片在阳光的照射下闪闪发亮，一串串纯白如雪的槐花在青郁的叶子间若隐若现，仿佛刚刚出浴的少女，婀娜娉婷，娇羞含情。叽叽喳喳的鸟儿们，大地还没有苏醒，便兴奋地吵醒了懒睡的太阳和温煦的山庄。

　　五月，是一个挥洒汗水、播种希望、等待收获的季节。每到五月，我便会自然而然想起农村里那一片片农田中人欢机鸣的春播景象。壮实勤奋的庄稼汉子们挥汗荷锄，扶着犁铧，甩着劳动鞭子，吆喝着劳动号子辛勤耕耘。他们强健的肩胛上泫泫的汗珠透出劳动的味道。农田里的老黄牛也不甘示弱，他们跟随着主人犁开黝黑的大地，卷起层层耕耘的浪波。还有那田地里忙碌的人影婆娑，满布皱纹、满面沧桑的老妇们躬着佝偻的腰背锄地，承受着岁月的重压；背着嘤嘤哭闹的婴儿在田地里拔猪草的年轻村妇，凌乱的头发下隐约可见那张张善良俊秀的脸……每个劳动者的脸上都写满了岁月的沧桑和对生活的隐忍，他们用辛勤的劳作把火红的五月蓦然点亮，使激情的五月充满了奔腾和磅礴。

五月，是劳动人民值得纪念的季节。劳动人民是伟大的。劳动人民用一滴滴苦涩的汗水，洗去了旧日的满目沧桑；劳动人民用勤劳的双手日复一日、年复一年地描绘出乡野的丰收景象和城市的大气壮美，人们的灿烂微笑以及国家的繁荣富强。我们的祖先早已把辛勤的劳动注入中华炎黄子孙的每一个细胞，并代代相传，成为中华民族的传统美德。劳动人民在血与火的劳动体味和感悟中，与时俱进，不断地赋予劳动新的意义，升华劳动的价值。是劳动，使片片荒山变成了亩亩良田；是劳动，使幢幢高楼拔地而起；是劳动，筑就了错综复杂的现代化公路；是劳动，让一个个美丽的小村庄装扮了偌大的地球。是劳动，创造了人类文明与世界历史。假如没有劳动，人类可能还在荒芜野蛮中艰难跋涉；假如没有劳动，人类可能还在无知与落后中徘徊失落；假如没有劳动，人类千千万万个家庭就无法幸福安乐……

五月，是孩子们跑到田野里尽情撒欢儿的季节；五月，也是青年人撷下春天里的玫瑰点缀爱的天空的季节；五月，还是老年人踏着一路路春光，湖面垂钓人生的季节……五月，如咖啡里的方糖，把我们的人生调理出百般滋味；五月，如路旁的片片风景，把我们的人生装扮得绚丽多彩。在这

充满真情的五月，让我们手挽手，肩并肩，温情地再次唱响"长亭外，古道边，芳草碧连天。晚风拂柳笛声残，夕阳山外山"，为绚烂多姿的五月高歌，为充满希望的明天喝彩，尽情放飞这美丽五月的美好情怀！

# 人间美景，绝非偶然——最美不过丹霞山

丹霞山是岭南第一奇山，素有"桂林山水甲天下，不及广东一丹霞"的说法，丹霞山能有如此赞誉，它的美景，一定绝非偶然。

丹霞山膺世界地质公园之选，位于韶关市东北54公里处，总面积292平方千米，海拔408米，是一座由680多座形态各异的红色沙砾岩石峰、石堡、石墙、石柱构成的千年石堡。这里，距今6000年前的新石器时代古人类文化遗存于此；这里，流传着女娲造人补天，舜帝登韶石奏《韶》乐的美丽传说；这里，有能容纳200多人观日出、赏晚霞，饱览丹霞秀色的长老峰御风亭……这里之美，集泰山之雄、黄山之奇、华山之险、桂林之秀、长白山之幽于一身，超凡脱俗而又别具风情。于是，一切美丽的传说和曼妙的韵律正穿过丹霞山宽阔的手掌悄然打开。

丹霞山之雄，雄于群山万丈。那巍峨耸立的高山石林，挺拔于平川河岸之上，像刀削一般，光滑齐整，雄浑有力，直指蓝天。巍巍丹霞山，经过大自然漫长岁月的雕塑，群峰竞秀、千姿万态、陂陀千里、势如蛟龙。它隐蔽于一望无际的林海之中，却又突兀于绵绵不绝的群岭之上。它的山崖，高低参差、错落有致。远看似红霞尽染、赤层叠叠，近看则色彩斑斓、云霞片片。它那猝不及防的雄壮之美，奔放而狂野，无不彰显出大自然的

无限魅力。

丹霞山之险，险于幽洞通天。丹霞山顶平、身陡、麓缓，山顶留有古人修建的登山小道和崖顶山寨，可以开展攀岩、钻隧道、穿石隙等户外探险活动。从这里到通天峡，两旁岩石像合掌一般，游人必须小心翼翼，关顾头上、注重脚下，免得头上落石、脚下踏空，手扶铁索，碎步而上。"幽洞通天"四个苍劲大字刻在石壁上，更增添了这里的险势。扶栏低看，万丈深渊、仙径弯曲，宛如银蛇穿梭，好似白龙飞舞，使人顿生寒意。极目远眺，路入云端，行走的人像云朵般在险峻的巨壁上随风摇曳，险中甚美。

丹霞山之奇，奇于阳元石和阴元石的天地造化。阳元石因其形态酷似男性性器官被称为天下第一奇石，有诗赞曰："百川会处擎天柱，万劫无移大地根。"它与阴元石深情相望。阴元石这块竖向侵蚀洞穴不仅造型逼真，连比例、颜色都相当配称。面对阴元石，我们不禁感叹造物主的神奇。这里的奇岩怪石，拟人拟物、拟兽拟禽，宛如雕塑大师们的一尊尊艺术杰作，被誉为"天然的性文化博物馆"和"天下第一绝景"。这里还有能随四季变换颜色的"龙鳞片石"，神奇的古山寨和岩庙，神秘的悬棺葬和岩棺葬，无不令人称奇。

丹霞山之秀，秀于"江作青罗带，山如碧玉簪"的锦江江水。锦江环绕于丹霞山的峰林之间，从岭南的万顷林海中流淌出的碧绿玉液，在山中迂回曲折，一路赤壁倒悬、崖刻夹岸、翠竹拥江、珠连玉串，富有岭南情调的山村掩映其中，红柱赤梁、青瓦灰顶、丹山碧水、相映成趣，仿佛一条清秀亮丽的山水画廊。倚船远眺，峰影云朵倒映万顷碧池之中，天水相连、色彩缤纷。江面偶尔有大风拂起的微波，煽动着一圈圈激情的涟漪，美不胜收，让人流连忘返。

丹霞山之幽，幽于超凡脱俗的意境。当你漫步在丹霞山茫茫林海间，一片郁郁葱葱的树木，浅绿色和深绿色叶子相间，在朝阳的映照下如一卷

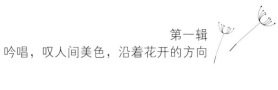

掀开的绿色画卷，路移景换，令人目不暇接。山中气象万千，时而带点夏末的影子，时而一片初秋的迹象。当天空中云烟氤氲，你会宛如置身一片静瑟幽谧之中，如梦如幻，如影随形。思幽访古，浮动在这空灵一般的世界里，享受人间难得的清静，恍若仙人一般。

……

万古丹霞冠九州。这里是世界自然遗产中的一颗耀眼明珠，它的美是独一无二的。奇峰怪石、碧水相映、色如渥丹、灿若明霞。洵地质之奇观，经千百年历史塑造出的美丽神话和古老传说，为这块土地抹上了神奇的色彩。唐韩愈，宋苏东坡、杨万里等历代文人墨客在这里赋诗题字，留下了许多荟萃夺目的摩崖石刻和碑刻，具有极大的历史文化价值。

无数个梦中，思绪只在丹霞山荡漾。锦水滩声、杰阁晨钟、丹梯铁锁、舵石朝曦、双沼碧荷、乳泉春溜、螺顶浮图、片鳞秋月……丹霞山如修炼千年的神秘精灵，被大自然深情相拥，优雅起舞。

的确，人间美景，绝非偶然，最美不过丹霞山！

# 走进烟台，冰心与海

　　一直以来非常喜欢冰心的文字，也梦想着去看冰心笔下的那片海。在一个明媚亦寒的深秋，终于有机会能走进烟台，走进冰心与海。

　　烟台，是冰心"灵魂的故乡"。烟台的海，是她一生的魂牵梦萦。正是烟台的海，给予了她最初的艺术熏陶，萌发了奔如潮涌的文思，获得了取之不尽的创作源泉。正如她在《忆烟台》中所写："一提起烟台，我的回忆和感想就从四面八方涌来……"

　　来到这座美丽的海滨之城，我试着去寻找冰心笔下那片无边的海和点缀那片海的蓝衣水兵、灰白军舰、山风海涛……却发现，这里早已沧海桑田，到处弥漫着浓郁的现代化气息，宁静与繁华交错，诗意与生活相融。这里依山傍海、空气湿润、满山苍翠、瓜果飘香。这里是最适合人类居住的城市之一，还获得了"联合国人居奖"。

　　漫步在烟台的海边，水平如镜，宛如一位恬静温柔的少女。清晨，红彤彤的太阳从海平面缓缓升起，飘飘悠悠地浮出水面。海面上拖曳着长长的红色倒影，使人如梦如幻，如痴如醉。傍晚，平静的海面倒映着海滨小城的万家灯火，岸边的石凳上坐满了谈笑风生的人们。他们脚下，轻柔的海浪与湿润的堤岸呢喃细语，仿佛恋人一般诉说着无尽衷肠。

坐在滨海大道的双层公交车上，吹着一百年来不变的海风，看着大海一点点隐退到无边的黑暗中，我的心，似乎也连同着海潮袅袅漂浮起来，继而又被埋进大海深处。在大海深处，我仿佛又看见了冰心笔下的那片海，温柔而秀丽、明媚而雅致。时而晨风晓声、晚霞夕照，时而风雨凄迷、雪化纷飞……她是海的女儿，烟台的海净化了她的性情，铸就了她高尚的人格，也伴随她走过了漫长的人生之旅。

　　烟台，是冰心先生一生的海。冰心与海，一直是温暖的，透着清新和美好，叩开了我的心扉。自然，面朝大海，秋寒也会花开！

# 朝鲜，与你擦肩而过的心碎

　　"雄赳赳，气昂昂，跨过鸭绿江……"记得小时候，爷爷常给我们唱起这首红色革命歌曲。那时候，院子里的男女老少，无论是谁，都能哼上几句。而爷爷亲口告诉我，我的堂爷爷，当年意气风发、斗志昂扬地上了抗美援朝的战场，可他却没能活着回来。于是，我从小就对那片血雨腥风的朝鲜战场，对鸭绿江有着极深的好奇。梦想有一天，能亲自到堂爷爷牺牲的那片土地去看一看，召回他那一去不复返的英雄孤魂。

　　秋初，一个偶然的机会，我与那片神秘的土地相约于鸭绿江断桥。

　　记得那日清晨七点，太阳冲破了浓密的云雾，踏着几缕难得一见的晨光，一行人，三辆车，从辽宁集安出发，沿着中朝边界线一路向东，历经整整十个小时，终于顺利抵达丹东。

　　丹东是中国最美的边境旅游城市，它与朝鲜只有一江之隔。中朝两国以鸭绿江为界，只要不上岸便不算入境。千里迢迢来丹东的人，想必都是冲着鸭绿江断桥和江对面传说中让人不可思议的、神秘的朝鲜来的。于是，我们也顾不上吃晚餐，直奔鸭绿江断桥，想一睹它的风采。

　　来到鸭绿江畔，江面碧绿平静，从远处望去仿佛一块巨大的翡翠。它虽不像西湖那样水平如镜，也没有大海那般波澜壮阔，却给人一种独特的

真实感和沧桑感。断桥原名鸭绿江大桥，是鸭绿江上的第一座铁桥，如一条钢铁巨龙横卧在江上。它于 1911 年建成，大桥长 944.2 米，高 11 米，共 12 个桥孔。1950 年 11 月，大桥被美国空军拦腰炸断。被轰炸后，鸭绿江大桥中方一侧仅余 4 孔残桥，成为抗美援朝战争的遗迹。此后，鸭绿江大桥就更名为鸭绿江断桥。望着江中尚存四座桥孔的断桥，深灰色，孤独而骄傲地挺立在那里。桥上的铁轨早已被覆盖，铺上了塑胶路面。它记录着抗美援朝那段悲壮的历史，象征着两国之间比水还深的情谊。

走上断桥，桥上一遍遍播放着《中国人民志愿军战歌》，到处遗留着因战争带来的累累弹痕。沿着断桥慢慢前行，以为会无限量地靠近对岸的朝鲜，但走着走着就突然发现前面已经没有路了。站在桥的尽头，还能清晰望到江对面的朝鲜摩天轮。在桥上徘徊良久，江面开始起风，江水波澜起伏，一浪推一浪地向着黄海流淌。我的心情突然变得沉重起来，断桥仿佛是屹立在江中的历史老人，它把战争与和平同时呈现在我们面前，让我们铭记中国人民志愿军的英雄伟绩。正是英雄们破风斩浪，正是抗美援朝，正是无数个像我堂爷爷那样"最可爱的人"，让世界认识了中国人的民族魂。

从断桥而下，我们便乘观光游船近距离参观江对面的朝鲜第三大城市新义州。鸭绿江在此处宽不过六七百米，站在观光船上，戴上望远镜，近距离看朝鲜新义州，新义州的江边建筑和走动的人群一览无余。江边清晰可见朝鲜设备落后的造船厂，三三两两穿着制服的造船工人在船上叮叮当当地敲打着。没有现代化机械，感觉还是低廉的人工操作。江边还能看见一排排低矮陈旧的化工厂冒出的黑色浓烟，几个穿着白色制服的女兵在岸边来回巡逻。沿着江边有一条狭窄的白色马路，路上行人很少，只有一些小孩在路边嬉戏打闹，偶尔能看见几个骑自行车的人，却很难甚至几乎看不见一辆小汽车在马路上驶过。

站在回程船上远眺，高楼林立、车水马龙的丹东流光溢彩，处处充盈

着蓬勃朝气。它像秋天铺满大地的漫山枫叶使人陶醉，又像雨后清新的空气叫人舒爽。而江对面的朝鲜新义州，整个城市灰蒙蒙的，成片的白色高层建筑像没有生命的雕塑一样摆在那里，单调而枯燥。新义州没有一丝现代化气息，漆黑、寂静和萧条，呈现出一片毫无生气的静怡寂寞之色。鸭绿江两边的这两个城市形成了鲜明的对比，犹如改革开放前的深圳与香港。现在，在我眼里，看到的已经不仅仅是断桥了，我还亲身感受到了历史的回放和江对岸朝鲜的苍凉。曾经两个患难与共的兄弟今非昔比，反差如此之大，心中难免一阵阵酸楚。

下了游船，已是黄昏。江面上开始飘浮起淡淡的雾。氤氲的雾气，像披了一层朦胧如烟的轻纱，颇有几分神秘，如羞涩的少女般，丝毫不见白天重温历史的凝重感。

美丽的丹东，肃穆的鸭绿江，江中傲然矗立的断桥，筑成了一座萦绕中国魂的历史坐标。红叶飘零，经夏又秋，断桥虽断，却恰如女人散淡疏离点染花瓣的裙裾，曾经灿烂艳丽过。朝鲜，堂爷爷牺牲的那片神秘的国度。如今，虽然已近在咫尺，我却只能站在断桥和游船上与它隔江相望、擦肩而过，徒留一地的心碎……

# 长白山，与你相约那一秋的天池

听说长白山是一座仙山。古有诗人李白"愿乘冷风去，直出浮云间。举手可近月，前行若无山"的绝美诗句，现有长白山天池不时发现有水怪出没的迹象，更增加了长白山的神秘色彩。

长白山位于延边朝鲜族自治州安图县和白山市抚松县境内，是中朝两国的界山。它有"关东第一山"之称，因其主峰白头山多白色浮石与积雪而得名。记得那是个秋意烂漫的日子，我们远涉千里，相约在那座令人神往的仙山，有幸一睹天池的芳容。

长白山中的天气多变，有"一山有四季，十里不同天"的说法。昨天还是晴空万里，今日却已阴雨绵绵。我们乘车从海拔最低处缓缓而上，眼看雨渐渐停了，心中暗喜时机赶得不错。盘山路左拐右拐、颠簸回旋，但丝毫不影响我们欣赏窗外风景的心情。巍巍长白山，经过大自然漫长岁月的雕塑，群峰竞秀、千姿万态，陂陀千里、势如蛟龙。它隐蔽于一望无际的林海之中，却又突兀于绵绵不绝的群山之上。它有时显得奔放狂野，有时又极为绚丽娇媚。这里虽有夏末的影子，但已是一片初秋的迹象。长白山麓上郁郁葱葱的树木，红色、浅黄色、橘黄色、浅绿色和深绿色叶子相间，在朝阳的映照下如一卷掀开的美丽画卷，路移景换，令人目不暇接。此时

的我恨不得马上飞出窗外，漫步在茫茫林海间，享受一下这人间难得的清静。

随着海拔的增高，随车一路盘旋而上。刚刚还是参天大树，一下就变成了灌木丛林。山上寒风刺骨、一阵阵凉意，感觉像到了冬天。车再往上走，就只剩下苔藓类植物了。天空中云烟氤氲，变化万千，仙山之名果然名不虚传，我宛如置身幽谧之中。那耸立的峭壁石林，像森林精灵跳动的音符；那猝不及防的雄奇之美，是大自然汲取的精华；那变幻莫测的身形，犹如生命在战栗，掠走了我灵动的思绪……

不知不觉，车开到了山顶，但下了车还要步行一段台阶才能到天池观景台。我迫不及待地来到漫滩碎石的长白山天池。天池是中国最深的湖泊，为火山喷发后的火口积水而成，高踞于长白山主峰之巅。

远眺天池，呈椭圆形，周围长约13多公里，水面海拔高达2150米，面积9.2平方公里，平均水深204米。天池周围环绕着16个山峰，青铜一样的色泽，使得天池犹如镶嵌在群峰之中的一块碧玉。湖周峭壁百丈，晴朗时，峰影云朵倒映万顷碧池之中，天水相连、色彩缤纷。大部分是湛蓝，少许泛着黄绿。天池水面偶尔有大风拂起的微波，煽动着一圈圈激情的涟漪。像绿色绒布上充满着巧克力般丝滑质感的纹理，如梦如幻，浮动在碧泉湖幽灵静谧的世界里。

这里气候多变，经常是云雾弥漫，瞬间风雨雾霭，并常有暴雨冰雹。因此，并不是所有游人都能看到天池珠圆玉润般的秀丽面容。不知什么时候，天空飘起了小雨。山顶的风很大，回望四方，云层在天边低沉地聚集，薄雾开始笼罩，宛如有人用厚厚的纱帐将天池四周紧紧地包裹起来。在这一刻，我才相信长白山天池若隐若现的奇观。

长白山天池的美是独特的。它神奇壮美、绚丽多姿。怀着恋恋不舍之情，从天池而下，大片的原始森林在没有阳光的地方呈深绿色，而有阳光

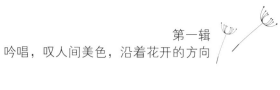

的地方呈浅黄色。眼前的视野是那样苍茫，像一个老人长满老茧的手，保护着这绝美的缥缈仙境。我不禁在想，倘若是赶上春天来，春风乍暖，山下万树含烟、百花齐放，山顶却依然白雪皑皑，天池必将宛如一位玉骨冰肌、粉腮凝眉的仙女，亭亭玉立在茫茫白雪中。

那一夜，思绪只在天池荡漾。天池，生来就是天外圣物，如修炼千年的神秘精灵，被大自然深情相拥。一池震撼心灵的生命之水，豁然洞穿了我稚嫩天真的灵魂。倏地，在幽蓝静谧的天池上优雅起舞……

# 梦回西施故里，情满诸暨五泄

这里，有碧波荡漾的五泄湖，四季如春的桃源；这里，有一水五折的东源飞瀑和幽谧深邃的西源峡谷；这里，溪涧峭壁、飞泉成泄；这里，林海茫茫、姹紫嫣红；这里，有 72 峰、36 坪、25 崖、10 石、5 瀑、3 谷、2 溪、1 湖，一轴天然的山水画卷；这里，就是素有"小雁荡"之称，吸引着八方游客，久负盛名的江南生态旅游胜地——浙江诸暨五泄，古代四大美人之一西施的故里。

游五泄，一般从青口进入。沿公路前行，路旁曲溪青流，远处叠石层岩、崖壑飞瀑、美不胜收。碧绿的湖水，巍峨的山峰，壮奇的瀑布，幽深的峡谷，古老的禅寺，仿佛进入了人间天堂。

来到五泄湖水库，弯弯曲曲长 2 公里，犹似一条绿色的绸带飘浮在群山之中，颇有富春山水的风采。在游船中还可以观赏许多奇特的山石景观。站在游船上，清风扑面而来。

下了游船，沿五泄溪北上，过遇龙桥，就是五泄禅寺。寺又称永安禅寺，相传为五台山灵默禅师在唐元和三年所建，至今还保存着明代画家陈洪绶书写的"三摩地"石刻门额，清大学士刘墉为官厅题写的"双龙湫室"匾额。寺左面的石壁上还刻有徐渭"七十二峰深处"的题词，均为珍贵文物。

出五泄禅寺，过东漱阁竹亭，就能听到飞瀑的轰鸣声。当地人称瀑布为泄，一水五折，折折成瀑，泄泄各异，所以叫"五泄"。五泄瀑布神态各异，变幻莫测。一泄如月笼轻纱，二泄似双龙争壑，三泄像珠帘风动，四泄为烈马奔腾，五泄若蛟龙出海，总长 334 米，落差 80.8 米。五泄瀑布早在 1400 年前的北魏就闻名于世，历代文人墨客如宋代杨万里、王十朋，明代陈洪绶、徐渭、袁宏道、唐寅、文徵明，现代蒋鼎文、郁达夫等都曾来此游览，或吟诗作画，或题词撰文，对五泄风景赞叹不绝。

首见第五泄，只见雷鸣般的瀑布以排山倒海之势从 30 余米高处飞奔而下，银花飞溅，似蛟龙出海。在阳光照射下，雾状水珠五彩缤纷，向外飘洒。清周师濂赞其曰："龙漱泻下第五泄，横空飞出千山雪"。明钱德洪的诗刻"五泄悬倾百尺流，半空雷动玉龙浮，来人莫惜跻攀力，不到源头不是游"，更是鼓舞人们勇攀高峰。

继续沿石阶小道向上攀登，就可以看到第四泄在高 19 米的陡崖中，劈险沟，过峭壁，急剧旋转，飞滚翻腾，奔泻跌宕，飞溅的水花犹如奔腾中的烈马在飞速抖动，瀑布的击石声及山谷内的回声震天动地。

气势最壮阔的是第三泄。瀑布散而复收，浩浩荡荡而下，在如磨似洗的岩石中奔泻跌宕，跌入一个斜长形的深潭中，以变幻无穷的姿态呈现在人们面前。左边瀑布欢呼跳跃，蜿蜒飞泻，右边瀑布时分时合，涟漪微荡。坐在亭中赏景，似见万物空澈澄明，顿觉天高地广，能洗净五脏六腑污垢，抛尽人间烦恼。

登三泄顶，过龙门口，就是二泄，水高虽只有 7.1 米，下落时被一块兀石分成两半，流水如珠帘飘动，开朗而又深沉，又如双龙出游不知天高地厚。瀑布从深潭中回旋而出，来到一坦之处，水流在如磨如琢的岩壁上迈着轻松的步伐。

二泄紧接一泄，一泄小巧平缓，水流从石河泻下，柔美如月笼轻纱，

隽永奇秀。瀑布中间的水潭颇为奇特，呈鹅蛋形，直径 1.5 米，口微向内收，四壁光滑，深不见底。从一泄上行，即至刘龙坪，一片空旷之地，环境幽雅怡静，空气清新凉快，宛如桃源。

幽、深、静，湿漉漉的山道、潺潺的溪流，格外清新安静。

"五条挂练玉龙奔，七十二峰鬼斧痕"，大自然的造化造就了美丽五泄，才得以孕育出美人西施。美人西施就托梦与我，邀我同游故里。夙愿已了，愿与美人西施一起乘风而去……

# 有一种旅行，叫呼伦贝尔

一次次千山万水的远足，让我走遍了祖国的大江南北，阅尽了人间美色。我到过烟雨朦胧、诗情画意的江南水乡，也到过海天一色、碧水流连的浪漫海岛，还到过雄壮巍峨、锦绣多姿的连绵群山，但一直没去过那带着无限遐想的神秘大草原。那是我心中一直以来的夙愿，也是我在无数个梦中和草原的美丽约定。于是，坦然撂下人世间的一切喧嚣与烦琐，怀着恣意的心情，终于在这个明朗的七月，看到了中国最美的夏天，看到那个美丽的人间天堂——呼伦贝尔大草原。

（一）初见呼伦贝尔

如果说，你从没有去过呼伦贝尔大草原，那你绝不会想到呼伦贝尔大草原有多么迷人的风情，想象不出呼伦贝尔大草原那广袤博大的情怀，看不到呼伦贝尔大草原上那天地相接的尽头，找不到呼伦贝尔大草原上的原始静谧和一碧千里……而当我真正站在这片神奇的土地上时，就仿佛置身于一个翡翠的世界里。那满眼的绿竟美得出奇，美得让人窒息！

草原的夏天是一个莺飞草长的季节。呼伦贝尔大草原犹如一轴巨大的绿色画卷，无边无际。站在草原，迎风而立，在那一望无垠的天际，在那辽阔无边的草原，蓝天白云、蜿蜒河水、茵茵绿草、点点牛羊、朵朵毡房、

袅袅炊烟，在草原上连接得无比完美，像一幅意境悠远的山水写意画。它仿佛远在天边，却似乎又近在眼前。

这里的天，蓝得广袤，蓝得高远；这里的地，绿得深邃、绿得恬雅；这里的云，白得清柔，白得纯净；这里的牛羊，敢在公路上闲情漫步，自由不羁；这里的骏马，能若无其事地快活嬉闹，奔跑撒欢。那星星点点的蒙古包，点缀在湛蓝的天际下，闪耀在盈盈的绿草间，给草原平添了一种恬淡的气息。温柔松软的草地仿佛一伸手就能抓住，安闲而随意，恬静而悠然，如痴如醉。仿佛洗净了整个身心，那种从里到外的放松，惬意、舒适、愉悦，已经与天地融为一体……

（二）徒步草原

到海拉尔的第二天，我们选择徒步草原，准备与草原来一次最亲密的接触。

清晨的草原，白色的蒙古包上飘着袅袅炊烟，苍鹰在天穹中任意飞翔，成群的牛羊唤醒了从睡梦中苏醒的大草原。花草的清香从四面八方扑鼻而来，瞬间流遍了全身。

人在草中走，似在画中游。步行其上，无限的柔软踩着草原的嫩绿，它的声音轻得如微微掠过的耳语。每个人都像放出去的风筝，心灵如飞翔的小鸟自由自在。那些不知名的小野花悄然妩媚绽放，一朵朵蒲公英慵懒地散落在绿地之中，随风摇曳着曼妙的舞姿。我蹲下身摘下一朵野花，插在自己的黑色长发里，感受那身在草原里的飘逸和美丽。走着走着，眼前会不时出现大片大片金灿灿的油菜花地，这时的视野里多了光鲜亮丽的黄色，仿佛从空无的苍茫中，来到一个意境鲜活的人间仙境。

走累了，随意躺在草地上，拔一根青草的嫩芽衔在嘴里，就那么痴迷地看云卷云舒，彩蝶翩然，然后闭上眼睛，进入梦中的仙境。醒来时，一抹斜阳倾泻在身上，那种浑然天成的静谧流淌出绿色的和谐之美，是那样

的柔美，那样的诗情画意。

草原的天气就像孩子的脸，说变就变。刚刚还是晴空万里，转眼便骤雨磅礴。雨中的草原，安然宁静又充满温馨。雨点如织如丝，敲打在我们身上。细雨和草原如同一对恋人，缠绵悱恻，倾诉衷肠。水天一色，茫茫无边，把你带向神秘的远古。在雨后的草原上行走，踩在上面软绵绵的，发出悉踏的声响。

我们来到蒙古包避雨。坐进有蒙古民族花纹的白色蒙古包里，坦荡豪爽的主人热情地招待我们。喝一杯醇香的奶茶和美酒，吃一顿鲜嫩的手扒肉，还有自然风干的肉干、奶酪、马奶酒、呼伦湖的白鱼。在这样的微风细雨里，好客的民族点燃了我们遗失的美好。试想，慢火温着一壶热气腾腾的奶茶，谈笑风生，那是怎样的一番惬意啊！若是在晴天，还可以在草原上骑马、骑骆驼，观看摔跤、赛马、乌兰牧骑的演出，吃草原风味"全羊宴"。而草原晚上的篝火晚会，更让你能尽情体验游牧民族的独特风情！

（三）绝美呼伦湖

呼伦贝尔草原位于大兴安岭以西，由呼伦湖、贝尔湖而得名。是中国保存最完好的大草原，有"牧草王国"之称。呼伦贝尔草原是内蒙古草原风光最为绚丽的地方。呼伦贝尔草原总面积约 10 万平方千米，天然草场面积占 80%，是世界著名的三大草原之一，这里地域辽阔，风光旖旎，3000 多条纵横交错的河流，500 多个星罗棋布的湖泊，组成了一轴绚丽的画卷，一直延伸至松涛激荡的大兴安岭。

而在呼伦贝尔大草原中，呼伦湖是绝对不容错过的一大美景。当我们驱车来到呼伦湖，站在湖边一眼望去看不到边际，如大海一般辽阔。湖面平静如水，波澜不惊。这里和草原的美又截然不同。它不再是满眼望不到边的沁绿，它没有江南湖水的烟雨迷离，也没有蜀川大河的波涛浩荡，它只是浅浅的绿，和蔚蓝色的天空紧密相连。给人一种处之安然，看之泰然

的感觉。只是那么安静地坐在湖边，就会感到一阵阵清凉袭来，无比惬意。望着呼伦湖，就仿佛整个世界都安静了下来。对于生活在都市里工作繁忙、生活琐碎的人们来说，这是一次难得的心灵沐浴。

在呼伦湖畔，还会经常遇见难得一见的"太阳雨"。一面电闪雷鸣乌云密布，一面夕阳洒辉醉脸羞红。这时，你会惊喜地发现呼伦湖上空高高地架起一道美丽的彩虹桥，红橙黄绿青蓝紫，给人们无尽的惊喜。

碧波万顷的呼伦湖，像一颗晶莹硕大的明珠，镶嵌在呼伦贝尔大草原。正是有了像呼伦湖和贝尔湖的众多湖泊和几百条河流，才有了草原的美丽与神奇。一片片湖泊在天空的映衬下泛着微蓝色的光芒，像晶莹的宝石镶嵌在绿地之中。还有"成吉思汗纪念碑"高高地矗立在世纪广场中央；甘甜的额尔古纳河水穿过海拉尔城垣；"第一曲水"莫尔格勒河的婉转曲直；"亚洲第一湿地"的根河湿地公园,令人神往的白桦林……许许多多的美景，都如一颗颗珍珠般，点缀在辽美的呼伦贝尔大草原上，让草原更加熠熠生辉！

（四）历史的吟唱

天苍苍，野茫茫，风吹草低见牛羊。毫不夸张地说，呼伦贝尔大草原铺天盖地的绿色能将你的想象一直拓展到世界的尽头。白色的蒙古包如珍珠般散落在广袤的原野，无数不知名的野花在风中摇曳，蜿蜒的小河在绿地上匍匐前行……

望着眼前的草原，我似乎看到了那些游牧民族的背影，看到了民族英雄成吉思汗，看到了惊心动魄的古战场，看到了飞扬的尘土中挥舞的刀光剑影，看到了先辈开拓疆土的奋力拼杀。想起他们，我的胸腔里激荡着悲壮与豪情，我的内心充满了崇敬与仰慕。他们在辽阔的草原上叱咤风云，历经沧桑，如《狼图腾》般演绎出大起大落的人生悲壮。

两千多年来，中国北方辽阔的呼伦贝尔大草原，一直是中原帝王的心

病。抛开历史的怨恨，可以看到那些草原游牧民族是何等英武神勇，内心又是多么强大。又是什么成就了他们骄傲的野心？历史的记忆逐渐展现在我们眼前。多少次中原的歌舞升平，被草原英雄的铁蹄践踏；多少次骏马嘶鸣，让中原的帝王从睡梦中惊醒。我们的祖先，用祖祖辈辈的付出与牺牲，茹毛饮血，戎马一生，换来了今天辽阔的土地，壮美的江山。当我们庄重地接过蒙古人甘甜的酒杯，虔诚地祭拜我们的祖先，把酒洒向苍天，洒向大地，献给成吉思汗时，当我们如今拥有海纳百川的博大草原，享有来之不易的富饶和平时，内心怎能不怀着对祖先深深的感激，崇拜和敬仰？

（五）生命的净土

草原的夜晚是如此宁静安详，天地都融入了一片墨色，和着花草的清香，慢慢地在空中飘荡。一轮明月挂在星河的边缘，无数星星快乐地眨着迷人的眼睛。此刻，万物静寂，天地合一。城市的车水马龙常常会让人感到莫名的忧郁和烦躁，而坐在这空旷寂静的草原夜色里，心灵却是那么温暖祥和。

这遍地的野草，让我想起了白居易的那首诗："离离原上草，一岁一枯荣。野火烧不尽，春风吹又生。"一棵棵青草卑微的生命里蕴含着怎样的从容和高傲，又滋养着怎样的顽强生命力？悠远绵长的草原之歌《天堂》正是对草原这种风吹不息，生命不止的吟唱。是草原年复一年地用繁盛的存在和坦诚的奉献去印证生命的宏大与不息，这是来自心灵深处的震撼和呐喊。

呼伦贝尔大草原是一片没有任何污染的绿色净土，是中国现存最丰美的优良牧场，是现代人不经意撒手失去而又千方百计觅回的理想家园，是最珍贵、最适宜乐居的生灵乐园。因为几乎没有受到任何污染，所以又有"最纯净的草原"之说。现代人讲究的"原生态""无污染""低碳""环保"，恐怕只剩下呼伦贝尔这块净土了。古老与现代，荒凉与文明浑然天成，谱

写了一曲生态平衡、自然和谐，可持续发展的美妙乐谱。

我想，草原一定是有母性的，她面带温柔，静默轻缓，海纳百川。就像一位慈祥的母亲，接纳了人间的悲欢离合，关爱着草原上的每一个子孙，滋养着草原上的众多生灵。说她辽阔宽广，是因为她望不到边际，能装下全中国的牛羊；说她美丽，是因为她有许多传说，而每一个传说都能让人如痴如醉！

有一种旅行，叫呼伦贝尔！曾经以为，这个世界上，只有天堂才是最美的。但当我去了呼伦贝尔大草原才知道，原来，天堂是绿色的。原来，人间的天堂在这里，在美丽绝伦的呼伦贝尔大草原。草原之大，淹没了我们，淹没了世界；草原之远，与天相接，与云相吻。草原是一首无声无息的歌，静静地流淌在我们的心里。一路的美景，迷醉了每个人的心。让我们放逐自己的心，尽情流浪在这片草原上。千言万语，诉不尽我对呼伦贝尔大草原的情怀和爱恋。这是世界的一方净土，这是幻想中的天上人间，这是中国最美的夏天，这是一次心灵之旅，在呼伦贝尔大草原，时间都已停止……

# 深冬，那片醉人的银杏林

秋姑娘走得如此着急，转眼已入深冬。深冬总给人一种清冷、萧条、寂寥之感，与温馨、热情、朝气似乎沾不上边。尽管这样，我依然不讨厌深冬，正因为有了深冬大街小巷的严寒凛冽，才能烘托出躲在家里围炉小憩的那份闲适与温暖；正因为有了深冬人们蜷缩在被窝独自发呆的那份寂寥，才会成全世上一对对相拥取暖的温暖恋人；正因为有了深冬遍地落叶，枯木凋零的萧条与凄凉，才会映衬出那一片片遍地金黄，美得醉人的银杏林。

从上学到工作，我一直没有走出过美丽的青春校园。我喜欢校园，喜欢校园独有的清静幽雅，喜欢校园深厚的文化底蕴，喜欢校园那片波光粼粼的蓝色湖泊，喜欢古朴高大的教学楼下的那片美丽金黄的银杏林。一到深冬，校园里的那片银杏林就格外引人注目。每当我开车从教学楼门前经过，都会忍不住停下车来，踩着细碎的脚步踱到楼下的那片银杏林前，驻足观望，深情凝视。教书育人，厚德载物，金黄色的银杏林沐浴在校园醇厚的文化气息里，我仿佛看见了百年历史的车轮，飞速驶过那片银杏林，带着落叶对风的思念，一片片从空中落下，又一片片温婉地躺在地里，舒展她金色的身姿，一层又一层，一卷又一卷，任人们用惊喜宠爱的眼光拾

它于怀，或放入口袋中，或收藏于书香里，或别在发丝间，缠绵悱恻，喜爱之极。

我不忍踏进这片金黄的世界里，生怕惊醒了它的美梦，打扰了它的宁静。可是我却忍不住想要亲近她，想要捧它于手心，想要拽它于深冬的冷风里，想要与它就地而眠。终究，还是没能忍住。我翻过校园里草坪的低矮栅栏，轻轻悄悄地踏进了这片金黄色的世界。这是校园里最大的一片银杏林，有二三十株。银杏树虽没有松柏的挺拔气质，也没有杨柳的娇媚风韵，更不如冬梅的高冷风骨，但它不屑于世间万物的平凡普通，也不羡慕春暖花开的万紫千红，更不忌恨秋去冬来的来去匆匆，只是独自地随着自己的性子生长着，挺拔着，高大而纤瘦。它时而被冬雪覆盖而忧伤满怀，时而被寒风刮起而翩翩起舞，时而被难得一见的冬日暖阳抚摸露出羞涩。我徜徉于它的脚下，拾起银杏叶，一片又一片，拽在我温暖的手心里，一叠又一叠。然后，抬头望望头上那片阴冷灰色的天，干燥而低调，心中不免惆怅。再低头看看满眼金黄色的银杏叶，瞬间热血沸腾，心也在胸中开怀荡漾。我把手中的银杏叶优雅地抛洒于空中，待它一片片从我的脸颊和发丝轻柔掠过，一股沁脾的清香不觉而来。如此两次三番，手舞足蹈，像个孩子般，在这片金黄色的世界里，我仿佛看见了自己的童年，那泛着金色记忆的童年，幽香而深远。

我喜欢银杏，更喜欢那一览无余、如痴如醉的银杏林，犹如一块金黄色的大地毯，踩上去还能"咯吱咯吱"作响。地毯上偶尔泛起微风光影，那是银杏叶在快乐起舞，翩翩飘零。我是一个感性而诗意的人，我在想，如若这时候穿上一袭白纱裙，披上一头长长黑发，清面素颜，只需点点红唇，踮踮脚尖，在林中翩然起舞，纤纤玉指，婀娜身姿，曼妙神韵，那将是一幅绝美的画，亦如爱丽丝的金色仙境，如梦如幻，随风飞舞……

我不能沉醉于其中，因为我怕我醉在仙境里醒不过来。我深吸一口气，将自己轻轻舒展开来，睁开深冬里依然清冷的双眼，将自己从仙境中静悄悄拉回来。恋恋不舍这片金黄色的银杏林，慢步悄悄跨出栅栏，不愿再次叨扰它的宁静。当我开车慢慢驶出这片醉人的银杏林才发觉，有的银杏树已经落叶殆尽，只剩枯藤老树昏鸦；有的银杏树还在仙女散花般撒播落叶，翩翩飘下如金色花瓣；有的则依然纤瘦挺拔，却气质优雅，不惧严寒，在深冬的凛冽寒风中迷人微笑……

# 我的梦里水乡——醉美不过清江画廊

"江作青罗带,山如碧玉簪。"我故地重游,回到我的梦里水乡,有着"东方多瑙河"美誉的清江。清江,古称"夷水",总长423公里,乃巴人的发祥地,是土家人的母亲河。它集三峡之雄、漓江之清、西湖之秀于一身,山川高峡、江水绿林、雄垭石滩、飞岩瀑布、奇洞悬棺,洋洋洒洒八百里清江山水画廊,宛如一条绿萝绸丝带,穿山越峡、曲径通幽、一江碧水、直刺苍穹……徜徉其间,醉然如梦乡。

恰逢天公作美,风和景明。走进清江画廊驻足东望,江水如一块翡翠横卧两山之间,一轮红日梦幻般悬在天江尽头。两岸绵延耸立的山峦接天连水,其间是滚滚东逝的江流,江面开阔、水波浩渺、山水相依、秀美壮观。蔚蓝色的天空中几只雏鹰任意翱翔,时而平展翅翼窜入云隙,时而转侧身躯向下俯冲。山上袅袅娜娜的仙气,与天云相接,如缕缕轻烟,又似琼楼玉宇飘坠而下的云纱霞衣,婉约而柔情。

船在江中行,人在画中游,一轴绝美的山水画卷便徐徐展开。连绵起伏的青山在错落有致中竞相挺拔,柔中带刚,刚中含秀。清江的江水,既不像大海的深邃湛蓝,也没有小河的草绿娇柔,而是青绿相间、水洁自清,倒影叠翠。蓦然回眸,船尾在江水中拖曳出一道道晶莹雪白的浪花,在空

中挥舞着曲线，美丽中带着激昂。当船进山退，清江已然没有了"一望江水天际流"的辽远雄阔之势，但又正好让这幅美丽画卷变得充满期待。即使两岸青山逝水而退，树木披拂，满目苍翠，可那山的形色久久驻足于眼眸，江流回旋婉转，新的山景重又扑入眼帘，才或取代了那似乎不忍不舍的青翠。可突然路转峰回，旋即又豁然开朗，真是"山塞疑无路，湾回别有天"。

扶舷迎风，江流汹涌而来，几多雄风豪气。有人喜欢大江东去的雄浑豪迈，有人爱恋小桥流水的婉约清隽。当你面对这里的白云蓝天、碧水青山，就仿佛沐浴在清新雅适的天然氧吧，沁人心脾，如饮甘霖。这里水阔山远，没有刀劈斧削的悬崖绝壁，也无张牙舞爪的鬼岩怪石，山高而不欺人，无陡山峡江的压抑感，一切浊息杂念离身而去，人也变得轻盈爽利、澄澈透明、宽阔敞亮。"宠辱不惊、物我两忘"，唐代李白，北宋欧阳修、苏辙、黄庭坚，南宋陆游等文人墨客在这里留下的灵性之笔、诗词佳境亦不过如此。

水随山势，物换景移。这里有高达 278 米，神圣安详、端庄肃穆的"世界上第一大生态大佛"巫灵大佛；这里有重达 4300 余吨，雄伟壮观、气势非凡的石令牌；这里有酷似唐僧师徒西天取经，被誉为"万里长江第一石"的灯影石；这里有形似月牙的"长江三峡第一湾"明月湾；这里有令人叹为观止，洞内落差达 30 米的地下河"梦幻地下世界"灯影洞；这里有一穴赤如丹，一穴黑如漆的土家族祖先巴人发祥地武落钟离山；这里也有鸟语花香、古色古香的土家族吊脚楼群仙人寨；这里还有犹如擎天石柱，被誉为"道教三十六洞天、七十二福地"之一的天柱山……

江水盘山而上，与山上绿树相拥相携，柔水厚山，温情浪漫。不时可见两岸山上有传统的吊脚楼点缀于山水之间，面江而筑，错落有致。仿佛走进了一个融合了青山秀水与巴风楚韵的风情世界。空中淡淡的云，在青山秀竹的掩映下，为清江画廊增添了几分朦胧的诗意和神秘的气息。遥望岸边，还有久违的古帆船、乌篷船安静地停泊着。几名土家族少女悠然坐

在船头拨弄琴弦，温柔娴静，似天幕垂帘。

清江，巴人故里，人间瑶池。它是长江里熠熠生辉的一颗明珠。清江养育了无数土家族儿女，也孕育了山歌、南曲及国家非物质文化遗产"撒叶儿嗬"等灿烂的土家族文化。历史交汇，山水相融，何等美景？如此一江生生不息，是山的秀丽吸引了水，还是水的柔情感化了山？又或山水亦然、浩浩荡荡，奔流而去？

多少个梦中，我的思绪只在清江里游荡。近山绿，远山朦，巴歌楚舞成风。清江如修炼千年的优雅精灵，被大自然深情相拥。梦中那绝美的仙境，犹如生命在战栗，掠走了我的思绪。我张开双臂，迎着习习微风，身心仿佛醉在了山水间。我想，倘若在春天雨雾之中，那水的澄碧、山的青翠、花的娇艳、鸟的敏捷以及天的清远，浑然天成，定是融融春和、朦胧至极……

啊，我的梦里水乡，醉美不过清江画廊！

第二辑

呼唤，寻心灵之声，闪耀着爱的光芒

# 颈间的风景，腕边的风情

　　喜欢翡翠，只因它那一身玲珑的莹绿剔透。翡翠，就像刚刚苏醒的美丽精灵，以轻盈灵快的脚步悄悄踏上了时尚的舞台，它时而闪耀在高贵端庄的名门闺秀的手腕上，时而点缀在优雅温婉的小家碧玉的脖颈里，或者独占古色古香、倾国倾城的美人胸前。而我却极少佩戴翡翠，更多的时候，我喜欢沏一壶绿茶，把翡翠放在手心里，用心去感觉它。那一刻捧在手心里的已然不是一块翡翠，而是一杯清澈的水，如云如雾；抑或是一抹沁人心脾的绿，翠色欲滴、温润亲和。当你细细体味它的味道，人生仿佛也变得绿意盎然起来……

　　翡翠，人们往往把它视作雍容华贵的象征。翡翠色彩缤纷，玉质细腻无比，明亮鲜艳，散发着高雅与华贵的气质，美丽程度堪称一流。尤其是上等翡翠，不仅其色泽亮丽灵润，且通透晶莹、五彩缤纷，色如仙露欲滴，胜过一泓秋水，它的美丽超出了现在人们所发现的其他任何玉石，翡翠以它的美丽轻而易举地成为"玉中之王"。在清代，由于王公贵族的喜爱，尤其是受到清朝乾隆皇帝的推崇和慈禧太后的喜爱,翡翠更是被尊崇为"皇家玉"，从此身价百倍，成为玉中极品。

　　翡翠，不仅具有外在美，它更有丰富的内涵。翡翠凝聚着文化，象征着智慧，孕育着财富。翡翠承载着厚重的人文情怀和悠久凝重的人类历史，寄寓着美好的祝福和吉祥，并集上万年天地之精华，吸上亿年日月之灵气，滋养着世间万物，享有高贵、典雅、圣洁、纯粹、通灵而神秘的崇高地位。它秀外慧中的光芒，不浮华、不轻狂，宁静而高雅，这正是国人追求和赞美的人格；它刚柔相济的质地，坚韧、温良，内韵丰厚，恰似国人写照；它代表一种向往，一种寄托，一种内心的安宁与坦然。也正因为翡翠具有这样美好的形象和内涵，使它成为中国人厚爱的美玉，更被视为吉瑞与祥和的象征。

如今，玉中极品翡翠在崇尚环保、回归自然的时代洪流中，优雅、高贵的古典美的复苏，已成为当代大众消费理念的坚定柱石。翡翠，以它美丽的色彩，温润的质地，优良的加工性深受人们喜爱。它犹如浩瀚天宇中的璀璨星辰，光彩夺目又独具风骚。如果说铂金以典雅动人心扉，钻石以高贵撩人情怀，那么深邃晶莹、含蓄神秘、隽永华贵、碧绿莹润的翡翠则以其清新脱俗的美，驱邪护身、吉祥富贵之寓意而成为时尚界永不褪色的潮流，逐渐受到时尚大师们的青睐。无论是在万物复苏、百花璀璨的美丽春日，还是在绿树葱茏、蝉鸣声声的炎炎酷夏，或是在硕果累累、遍地金黄的明爽清秋，甚至在残风冷月、白雪皑皑的寒冬，都能看见翡翠的踪影。

翡翠通灵，蕴藏生命，讲究缘分。传说中的翡翠，总是在守望他生命中的那一个主人。一旦结缘，它将追随主人终生而伴。人拥有了翡翠，便赋予了翡翠生命的灵性。所以，当你与翡翠结缘，一定要懂得珍惜。翡翠，玉中的极品，它就像一位含苞待放的青春少女，会在每一个太阳升起的明媚晨曦，闪耀它与生俱来的美丽光辉，向人们尽情诠释它那妩媚婀娜的独在人们颈间的风景，腕边的风情……

# 教师节的情怀

　　教师节对于我来说，是每年必不可少的一个节日。从毕业以来，我就一直在教师领域工作。从小学教师到大学行政。不管是酸甜苦辣，还是幸福美好，在我教师工作的生涯里，都是一次难忘的人生经历，也是我宝贵的人生财富。如今已年过三十，也是当妈的年纪，每每在教师节有学生们送上礼物时，或是亲笔书写的带有美好祝福的精美卡片，或是一盆叶子绿得发亮的发财树，或是一只简单朴素的方形笔盒，又或是一只纯美柔润的白色瓷杯，每一件小物品，都代表着学生们的真诚，也时时刻刻温暖着我的心，让我觉得这个世界，美好无处不在。

　　今年，是我的第十六个教师节。看见朋友圈里同事们到处晒自己的教师节感受，我突然想起了我在老家当小学教师的那段青葱岁月。记忆的闸门瞬间打开，那些与山区孩子们快乐单纯的过往就像放电影一样呈现在我脑海里。于是，情不自禁地开始怀念，浓烈地怀念那些年教师节的情怀。

　　那年我中师毕业，仅仅十八岁，正是如花的青春岁月。或许那时候自己都还只是个不成熟的孩子，却未曾想到竟然当起了孩子王，肩负起培养祖国花朵的责任。然而,既来之则安之，为了父母眼中这个所谓的"铁饭碗"，生性胆小的我硬着头皮扛下这个艰巨的任务。随着教师生涯的慢慢深入，我发觉自己已经爱上了这个职业，并且由衷地为自己身为一名光荣的人民教师而感到自豪。而内心对于教师职业的情怀真正发生变化的，源于几件和学生们在生活中和学习中的小事。

记得那时我刚上班不久，我带的班级是小学三年级，当时有个智力有点问题的孩子，看着那个孩子那双渴望知识的眼睛，我惊奇到他竟然连自己的名字都不会写，更别提识字、写字和数数了。别的教过他的老师都把他当成了"遗弃儿"，即使放在班级里但从不过问学习，只当是个摆设，上课不捣乱，不打扰其他同学学习就行。我已经不记得他叫什么名字了，只记得他身上穿着黑色的肮脏的破棉袄，又黑又皱的小手被山区阴冷的冬风冻得通红，一双黑亮的眼睛直愣愣地望着我傻笑。那种傻笑让人觉得非常心痛，难道弱智孩子就没有读书识字的权利吗？他学不学得会是他的造化，但是老师教是老师的应尽职责，我们怎能因为老天对他的不公而鄙视他放弃他，那样不是对他更不公平吗？我善良的初心让我没有放弃他的理由。于是，我每天中午抽时间帮他补课，耐心地一笔一画教他写自己的名字，教他数数，教他识字。通过我半年的辛苦努力，终于在学期末，这个几乎弱智的孩子能够写出自己的名字，能够数数，还能够做简单的题目，让我感到非常欣慰，也很有成就感，也让其他的老师对我开始刮目相看。

到了学生们取成绩单的那天，即使他依然不可能和正常的孩子一样考试及格，但是对于他来说，已经如茂密丛林中看见了灿烂朝阳一般。那天，孩子的奶奶提着一篮子洗干净的红薯执意要送我，看着他奶奶写满感谢的脸，我盛情难却于是勉为其难收下，我和孩子的奶奶聊了很久，在聊天的过程中我才知道，原来孩子的父母不幸在一次车祸中双双遇难，奶奶是他唯一的亲人。他们家一贫如洗，家徒四壁，祖孙俩整年就靠种点瓜果蔬菜和政府补给的低保度日。看着老人历经沧桑的脸和那一篮子新鲜的红薯，于心不忍的我悄悄地在老人的篮子最底层放了一点钱，心情复杂地目送老

人和孩子远去的背影，看着他们消失在大山的迷蒙深处。

我是一个喜欢花花草草的人，我的学生们都知道我的这个爱好。我家是住在县城里，而我们上班的地方则是在县郊一个乡镇中心小学。那里的空气特别好，我们是每周回家一次。记得每次周一一大早从家里赶回学校上班的时候，早早等候在我宿舍门前的是那一群可爱天真的孩子们。他们手里捧着各种各样的乡间野花，都是他们在上学路上随手采来的。我还没进门，就一阵花香扑鼻而来。记得每当春暖花开的季节里，我的宿舍里，就会满屋子花香怡人，往往是第一拨花还没谢第二拨花就送来了。于是，我便把多余的花送给其他老师们。瞬间，教师公寓楼里简直成了花的世界，花的海洋。

我在家乡当小学教师的那几年，可以说是我工作生涯中最开心的日子。小孩子对老师无比的崇拜，会让你觉得那是人生中最骄傲的事情。我带的班级的孩子有的天资聪颖，却很调皮捣蛋；有的稍微愚钝，却是很听话乖巧。我自觉拥有一颗无私的爱心，对待每一个孩子都很公平。在我的耐心教导下，每一个孩子都在阳光雨露下茁壮成长。在和孩子们共同度过的四年时间里，我从一名普通的人民教师升格为优秀班主任。然而，孩子们一天天在长大，迫切渴求更多知识的我也需要成长。于是，我恋恋不舍地离开我所工作四年的小学，毅然去追寻自己的梦想，期待在将来学成归来的日子里为学生们更好地尽职尽责，培养他们成为国家的栋梁。

值得欣慰的是，今年暑假回老家去，时隔十二年，问起老同事当年我那些可爱聪明的孩子们，听说有很多都已经考上名牌大学并且顺利毕业了。那些我曾经亲手培养过的小小的花朵，看着他们已经茁壮成长，我真的由衷为他们感到骄傲和自豪。远在故乡的那些可爱的孩子们，突然好思念你们啊，那时的你们，彼时的我们，在这个特殊的节日里，虽然不能相见，但我希望你们每个人都能永远保持一颗善良纯真的初心！

# 小月饼里的大道理

又到了一年一度的中秋佳节，每逢过中秋节，除了按照传统习俗吃上几个美味的月饼，还让我忆起童年时期我们三姐妹和父母过中秋节的情景。在我看来，那绝对不是一个普通的中秋节，而是父亲教给我们做人道理的最有意义的中秋节。直到现在为止，身为人母的我都会给我已经懂事的女儿说起这个中秋节的故事，希望也让她从小明白我们不仅仅是在过节，还要明白小月饼里蕴含的大道理。

清晰地记得，那是我读小学三年级的时候，姐姐读五年级，妹妹小我五岁，还没入学。那是一个中秋节的月圆之夜。那天，父亲下班回家拿了一盒包装精美的月饼回来，看得我们三姐妹口水直流，争着抢着跑到父亲跟前蹭来蹭去，故意和父亲亲昵，嘴里甜甜地喊着："爸爸，爸爸，我要月饼，我喜欢吃月饼，多给我一个吧！"就是想从父亲那里分到更多的月饼。父亲看见我们三姐妹争先恐后猴急想吃月饼的模样，急中生智来了句："谁先坐好就先给谁发。"于是，我们三个以迅雷不及掩耳之势迅速坐好，比平时吃饭坐好的速度足足快了好几倍。父亲也坐下来，他颇有深意地看着我们三姐妹，默不作声，开始打开月饼袋子。我眼尖，心里默数了一下，一共是十个月饼，做工都非常精致，是那种我最爱吃的里面含有蛋黄、红

枣、核桃、火腿等等各种馅儿的高级软月饼，而不是那种普通的冰糖硬壳月饼。看着又软又圆的月饼，闻着月饼散发出来的香味，我们三姐妹更加雀跃，看着月饼眼珠子都快掉出来了，父亲则不紧不慢地从里面拿出三个月饼，我们三姐妹一人一个，于是还剩下七个月饼。

父亲首先问姐姐："老大，你说下，这剩下七个月饼怎么分？"姐姐看着月饼想了一下，毫不迟疑地说："嗯，我觉得应该这样分，爷爷奶奶各一个，您和妈妈各一个。"姐姐刚说完妹妹就赶紧接话："可是还剩下三个啊，爸爸，能不能再给我一个？我是最小的，我要多吃一个。"爸爸接着问："那剩下二个呢？"姐姐赶紧回答："那就谁学习表现最好奖励给谁。"我心里不由咯噔一下，妹妹从小不爱穿只爱吃，这个小吃货年纪最小，也理应多吃一个，她算是天真地为自己找到了多吃一个月饼的理由。而姐姐学习成绩最好，每次都是全年级第一，德智体美劳全面发展，而且颜值又高，堪称学校的校花级学霸。看来姐姐不仅是高智商，还是高情商，既为自己吃月饼找到了理所当然的理由，又不显得自己是在索取月饼。那么，最后一个月饼怎么办呢？不善口才的我闷不作声，作为家里排行老二的我，学习成绩虽也算名列前茅，却比不上姐姐的鹤立鸡群，年纪又不似妹妹那般最小，不好意思拿年龄说事。怎么办呢，我当然也想多分到一个高级的软月饼啊，想想那种高级的软月饼当时很多家里是舍不得买着吃的。看着姐姐妹妹志在必得的神情，似乎第二个月饼已经胸有成竹地落入袋中，为了那个口味甜美的月饼，我绞尽脑汁终于为自己找到了理由："爸爸，最后那个月饼能不能给我呢？"父亲慈眉善目地问我："那请说出你的理由。"我怯懦地看了爸爸一眼，终于为了那个美味的月饼鼓起勇气说出了自己的理由："因为您必须做事公平公正，我们三个都是您的女儿，又正好剩下三个月饼，您就应该均分啊，不然对我多不过公平啊！"父亲听完我的理由哈哈大笑："老二，你这也叫理由吗？"我不解地看着爸爸那似乎在否

定我的神情，有点泄气，不敢再吱声。

父亲瞬间收起他温和的笑脸，对我们说："你们都好好坐下，今天是中秋节，是我们国家的传统节日，你知道中秋节月圆的寓意吗？"姐姐博学多才，赶紧抢答："月亮平时是弯的，现在是一年中最圆的时候，月亮圆的时候就代表是亲人们团聚的日子。"

"嗯，说得很好，月圆就是象征着在这个美好的节日里，大家开心幸福地团聚在一起。那么，在这个节日里，我们应该学会什么呢？老师应该教过你们的，任何事任何物都要学会分享，对于小小的月饼也是如此，而不是事事首先只是想到自己。老二刚刚说我应该公平地分配剩下的三个月饼，所以剩下的三个月饼就应该是你们三人一人一个吗？可是你们想过没有，如果十个月饼中你们三人一人分两个，剩下的爸爸妈妈和爷爷奶奶一人只分一个，那这样对爸爸妈妈和爷爷奶奶是否公平呢？百善孝为先，但是今天你们的表现都让我很失望，因为你们首先都只想到了自己，没有想到长辈。爸爸今天给你们说这些，是希望你们懂得做人的道理，希望你们能'孔融让梨'，希望你们懂得分享，希望你们知道什么叫真正的公平公正。因为只有首先考虑到别人的人，心才是最美的。而这样善良的心聚集在一起，才能迸发人性最耀眼的光芒！"

父亲一番意味深长的话让我和姐姐有点无地自容，而年幼不懂事的妹妹似乎听不懂爸爸的大道理，在我们听爸爸训导的时候她已经狼吞虎咽地吃完了手里的那个月饼，还一个劲儿地嚷嚷："爸爸，我最小，这个月饼我都已经吃完了，还没吃饱呢，我还要一个。"惭愧不已的我和姐姐赶紧争着抢着急忙把自己的月饼给妹妹："三妹，别急，来，二姐的月饼给你吃。""大姐的也给你吃。"三妹拿着我们送她的两个月饼，兴高采烈地跑出去找朋友玩去了。我和姐姐则万般羞愧地低下了头。父亲看见我们已经认识到自己的错误，转而收起那张严肃的脸，笑呵呵地说："看来你们今

天都学会了一件有意义的事情。我们作为大家庭里的一员，既应该孝顺老人，也应该礼让妹妹。实话告诉你们吧，我今天其实买了两盒月饼，一盒已经送去给你爷爷奶奶了，这盒是留给你们吃的。妹妹拿了三个，现在剩下的七个你们一人两个，妈妈两个，我一个。来，拿去吃吧！"父亲说完便分别递给我们一人两个月饼。姐姐不愧为校级学霸，通过爸爸的公平理论和礼让理论的熏陶，急忙把自己的一个月饼给爸爸，"爸爸，作为家里的一员，我也得老少兼顾，所以您和妈妈、妹妹一人二个，我一个就够了。"看见姐姐如此活学活用，我也不甘示弱，转了下脑袋想了想，拿起自己的一个月饼分成两半，递给姐姐一半，"姐姐，爸爸妈妈已经每人两个月饼，我再给他们中的任何一个人都不公平。所以，我这里多出的一个我们平分，这样大家都能公平地分到月饼了。"

"不错不错，你的脑瓜子转得也挺灵活的啊。行，就这样分吧，今天分月饼的事情很有意义，也希望能在你们的人生中刻下永久的记忆……"的确，就是这件分月饼的事，让我每次中秋节都会想起，在我的人生中留下了难以磨灭的记忆。望着漆黑的夜空那轮明亮的圆月，仿佛在对我诉说着当年那三个小女孩分月饼的故事，深夜轻柔的微风把我拉回了现实，看着盘子里的小月饼，才知道这小小的月饼里包含着大大的道理和无限的深情，那是对千里之外亲人们的浓浓思念之情。于是，在今年的中秋月圆之夜，我在心里默默遥问故乡的亲人："我亲爱的亲人们，你们在故乡还好吗？也如我一般正吃着月饼赏月吗……"

# 中秋，那一滩难忘的乡愁

中秋节，最能让人泛起浓浓的乡愁。"独在异乡为异客"，入夜，独自坐在阳台的摇椅上，泡上一杯父亲从老家邮寄来的清新绿茶，吃着圆圆的月饼，看看黑暗深邃天空里的那一轮皎洁的明月，遥望千里之外的家乡，情不自禁地想起我那年迈的父母和情深的姐妹，想起那些留在记忆深处的美好幸福，想起和月亮有关的一切童年往事，那记忆深处永难忘怀的浓浓乡愁便一发而不可收地弥漫开来，渐渐地笼罩了我的全身，泛滥了我的所有思绪。

从小就听着奶奶给我们讲关于月亮的故事。有让人高处不胜寒的广寒宫，有清高孤冷的神仙姐姐嫦娥，还有月宫里嫦娥的唯一宠物玉兔，再就是千年万年在月宫里砍树的吴刚。月亮的故事每年都听，一遍又一遍，小时候的我们总是不厌其烦，还会想象自己处在浩瀚无边的银河系里，化身美丽的嫦娥仙子，披着五彩霞衣，踏着洁白的云朵直飞月宫，在月宫里简单快乐地追逐玉兔，周而复始地看吴刚砍树。殊不知，真正的嫦娥仙子前年万年独自守在清冷的月宫里是多么的孤寂，我们幻想化身仙人过逍遥快活的日子，而仙人则宁愿守着我们凡人的柴米油盐酱醋茶。我们羡慕仙子的不食人间烟火，她却羡慕我们的百姓气息接地气。那些种种，都是我们

孩童时候的美丽幻想。而如今，即使每年过年回老家探望奶奶时，也只能是给老人家捎点好吃的，很少再能有时间静下心来听奶奶讲月亮的故事了，更多的则是给孩子讲睡前故事。那么多的睡前故事，我却唯独忘了给女儿讲月亮的故事。或许觉得月亮的故事太过凄怨，不想讲给女儿听，只希望她听到幸福美好的事情吧。

异乡的秋夜平静如水，当斑驳的月光穿过夜色里林立的高楼那细小的缝隙，映洒到我小小的却无比温暖的阳台上，遥望苍穹，故乡啊，你可在明月下想起我这个在异乡漂泊的游子？我日夜思念的故乡，在这灯火通明的璀璨城市，我在温暖的角落里仰起一双明亮的眼，穿越茫茫夜空，回想你沧桑的容颜。今夜，我把自己锁在故乡的记忆里，锁在浓浓的乡愁里。一杯杯思乡的清茶流淌在心里，举杯邀月，却望不见故乡，故乡的云、故乡的人、故乡的山水……只能对着故乡的夜空吟唱："举头望明月，低头思故乡。"当我想念故乡的时候，我的心便不再空旷，芬芳满怀。整个夜晚，点点滴滴对故乡的思念，乡愁、乡恋、乡音、乡情，儿时踩过的乡间小路和玩耍的泥巴田埂，童年所居住的红砖瓦墙与满屋墙壁上的成片的绿色爬山虎，家门前那棵大槐树下爷爷给我们三姐妹拉的秋千绳，邻居家屋后秋天里那满园摇摇欲坠的累累硕果，夏日里和姐妹们在漆黑的小路边拿着玻璃罐子欢快地捉萤火虫，还有记忆中那成片的如海洋般的油菜花田，花儿在清爽的春风中摇曳，舞动着优美的身姿，我们恣意地在油菜花海里畅游……无数的乡愁，一遍又一遍地在我的心头上演，我合眸凝神，仿佛梦见了一些过往，又仿佛看到了一些未来，醒来才知道，那只是潜藏在心中的儿时的留恋和童真的期盼。而沉淀了聚散离合的那轮中秋明月，浅吟低唱，如一首诉不尽的相思之歌。今夜，月儿已满，心儿已盈，当我的乡愁滑过月色的指缝间，一切都变得了无声息，消融在万家灯火的欢乐中。我托着那满月的相思，在漫漫的思绪里升华，在年年岁岁的光阴里，期冀那一片乡愁的停泊之地。

不知不觉，里屋的钟声将我带回现实。中秋节，是一年一度的中国传统节日，想起白日里去超市买月饼送亲朋好友，看见货架上琳琅满目的月饼，竟眼花缭乱不知如何选择。物以稀为贵，习以为常的东西，吃多了看多了便不再觉得稀奇，于是失去了对月饼的食欲。而小时候，我记得月饼在我的记忆里那可是美食啊。那时候中秋节的气氛很浓，每年还没到中秋节，就盼着中秋节的到来，想着那圆圆的各种口味的月饼就口水直流。当时我一次最多可以吃五个月饼，足抵一顿饭了。那时候对于月饼的情感，是一种渴求，一种久违的期盼。而不是现在的中秋，很多人只剩下象征性的随遇而安。但对于感性的我而言，无论时光如何变迁，中秋节永远都是我思念家乡、思念亲人的日子。

"每逢佳节倍思亲"，我这远在他乡的游子，嘴里泛着月饼留下的余香，在温柔月光的照耀下，那一滩难忘的乡愁，如絮絮柳片在寂静的夜色中婀娜摇曳，那绿茶淡淡缕缕的清香，在中秋夜的干净纯粹中，独自开放，散发着故乡的芳香……

# 向往慢生活

最近偶遇多位几十年不见的老同学，一番东拉西扯之后，更多的是埋怨多年不见的种种原因，最终归纳起来，多数人认为都是因为快节奏生活"惹"的祸。细细想来，不无道理。

谁不记忆犹新，那些年，特别是受"加快步伐，抢占先机，大干快上，跳跃发展"等宏观战略的影响，人们仿佛在一夜之间认清了形势，端正了思想，提高了觉悟，进而不论是在生活、学习上，还是在工作、业务上，都力求一个"快"字，还不时在"抢时间、争速度"上大动脑筋，似乎不这样做，就会掉队，就会落伍，就会挨打。于是乎，人们在一些主要环节上显得非常机警和灵活，也就是人们常在嘴边念叨的"争先恐后""时不我待"，并将此贯穿于寻常生活当中。因此，吃饭要用快餐，喝酒要一口闷，添衣要成品，恋爱要试婚，开车要上高速，寄信要快递，拍照要立等可取，培训要速成，布置任务要现场办公，就连孕妇生小孩都要剖宫产！由此可见，眼下的一切，几乎都在快节奏、高效率中紧张运行，唯恐快得不及。

不可否认，从客观上来说，"快节奏"的确给人们带来了新思想和新观念，也给人们带来了丰硕成果和物质财富。在这方面，人们从衣、食、住、行、用等变化中就可看出端倪。

然而，自从"快"字当道，"慢"就显得非常落魄了。四周看去，以往那种轻飘飘、慢悠悠，细嚼慢咽，铁杵磨成针，花开花落，微风吹拂，轻歌曼舞，走一步看一步，少安毋躁，以及孩童时代的天真烂漫，青年时期的朴实无华，老年生活的四平八稳之时光和往事渐行渐远，尤其是过去经常在人们眼前呈现或常在耳边响起的往昔那些淡定和从容显得依稀、奢侈，甚而弥足珍贵。

"欲速则不达"。人们在"快"中跟进，所承受的来自各方面的压力亦显而易见，入学、就业、买车、买房、养老、医病、职务升迁、人际关系、社会竞争等，在这诸多领域，似乎青年人的压力更大，又要赡养老人，又要教育子女，加之"梦想"与"破灭"之间的碰撞，彷徨和观望之间的犹豫，困难和风险之间的惊悚，挫折和误解之间的灰心等。为此，还有谁人不身感疲惫？当下，"抑郁症"患者数量急剧增多，与时常不适应此类所谓快而惨遭精神折磨难脱干系。

其实，人们对"慢"并不陌生，"慢"是中国传统文化的一部分。以往，我们不是常听到长者关于什么"慢工出巧匠""慢工出细活"，什么"慢慢来、不着急"等经验之谈的吗？所以说，人们并非完全讨厌"慢条斯理"等。可见，"慢"文化也是很深入人心的，或者说"慢"是调解人际关系、酿造真情实意、培育公序良俗的一种传统方式，是和谐社会、幸福家庭、理想人生中不可缺少的"冷色调"。

在2015年央视春节晚会上，刘欢演唱的一首《从前慢》歌曲，为什么被大家喜爱并广为传唱？道理很简单，就是因为词作者把人们的思绪带回到了当今社会当中所匮乏的那种"慢节奏"生活，因而难掩人们被"互动"的激情和向往。

提倡慢生活，不是一时在制造"噱头"，而是由来已久，更是发自内心深处的怀念。它至少告诉人们，有为数不少的人对那些整天风风火火、

昼夜不眠的人有着无可言说的漠视，这也是熨平人们心中对那类掠夺性生存的怨恨之有效方式。

诚然，向往慢生活，绝不是一味否定"快节奏"，而是要分清"快"与"慢"内在关系。也就是说，对待某些事物当快则快，当慢则慢，不可混淆主与次，颠倒是与非，让正常的有序生活、人文生活、情感生活、心灵生活，不再糟糕，不再匮乏！进而言之，慢，不是懈怠，不是偷懒，而是一种真正的从容，一种真正的放松。让真实的幸福从内心和微笑中体现出来，才活得有滋有味、多彩多姿！

# 审视"看世界"

2015 年，有一封很任性的辞职帖子，经网上披露之后迅速蹿红。该帖子语气洪亮，浅显易懂，较有深意，因此被人们熟知及热议程度不亚于爆炸性新闻，进而吸引众多人眼球。我敢断言，如果不出意外的话，到 2015 年底，该"词条"当选"2015 年网络十大流行语"，不用吹灰之力，仅仅是个时间问题。

河南省实验中学一名女心理教师，不知出于什么目的，在上完当天最后一堂课时，向校领导递交辞呈。令人惊奇的是，她所递交的辞职申请，既没有讲辞职的原因，又没有说辞职的动机，只用短短的十个字来表达，即"世界那么大，我想去看看"。当然了，因为她的真诚、直率，她的辞呈最终获得校方批准。

一位有着十年教龄，且口碑颇好的骨干教师为什么在事业如日中天之时，突然提出辞职？是身心疲惫，还是工作不称心？是借机跳槽，还是炒校方鱿鱼？人们不得而知。不过，有一点让人深信不疑，那就是该教师始终怀着乐观心态，丝毫看不出有后悔的意思。

在人们看来，一份原本干得好好的，既体面又备受人们尊敬的职业，而且薪水也不低，怎么说辞职就辞职呢？有不少细心网友分析得出，还应

该从辞职申请里找找答案，也许她的的确确就是想去看世界！

说到看世界，令我好生疑惑，这个"构想"好空泛。世界那么大，你怎么去看？是坐宇宙飞船，还是乘航天飞机？即便你有总统身份，或家有万贯，也难以了却这一宏大心愿。由此来看，这是一个抽象的话题，不可较真。转而又想，人家是教师，讲话有学问。况且，干什么不一定非要面面俱到，"以点代面"就不行吗？只要心存感悟，哪儿都是"世界有机体"。再者，过去不是有人读过世界十大名著的，就称也看过了世界；欣赏过世界十大风景的，就讲也看过了世界；去过世界十大景观的，就言也看过了世界。这有什么好值得大惊小怪的呢？问题不是真正要看到世界每一个角角落落，而是有没有勇气迈出这一步！

其实，想去看世界，只不过是一句托词或是借口，真正用意无非是想让自己的身心多些悠然，去多多享受大自然那种恬静而已。

相信，大多数人都会有这样的亲身感受。当今社会，正处于高速运转时期，人们在多种诱惑驱使之下，基本上是全身心、全精力投入职场。"游戏规则"告诉人们：若想进好单位，要考试；若想干好工种，要本领；若想晋升职称，要排队；若想当上干部，要考察；等等。这些，笔者虽这么一说，可哪个方面不要经过几年，十几年，甚至是一辈子，有的甚至一生都难以完成。为了此心愿，什么要拼啊，要搏啊，要奋斗啊，几乎涵盖了人生的全部。从人们脱口而出口的很"忙"、很"累"以及每天盼着放假等牢骚怪话中就可看出端倪。在无异于"呻吟"般中力求"突围"，不啻就是另一类新的价值取向在蠕动。自由的选择可以使自己摆脱虚假的需求，使自己活得更轻松，而不是不知道自己在真实地去追求什么，为什么而生存，这就是那位教师写出"世界那么大，我想去看看"最具情怀的辞职信的诠释。

"世界那么大，我想去看看"，这不单单是为了表达了思维新概念，也是追求精神生活的理性诉求。就事论事，我并不是说创造财富不重要，就一个独立人而言，从自身实际需求考虑，当物质生活达到一定规模时，尤其是在既无生存难题，又无后顾之忧的前提下，抛开烦躁，远离嘈杂，寻找静地，给自己心灵放假，体验人生的"存在感""合二为一"，酌情提高一下精神生活，不仅适时，而且非常必要，这或许就是当代人最有幸福指数的"前瞻观"。

有些时候，不知是怎么一回事，人们常常顾此失彼。譬如"只知其一，不知其二"，也就是说"只顾埋头拉车，不顾抬头看路"。结果绕了许多不该绕的弯路，忽略了许多不该忽略的锦绣。事实上，仔细反思，"世界那么大，我想去看看"不就是为了深层次剖解人们局部利益和追逐终极愿望孰轻孰重的吗？而对于那些向往内在自然美景人而言，假如心中有方向，何必非要满世界去看风景呢？心静处即是美好的家园，亦是美丽的世界。你说是不是？

# 你微信了吗

如今，科学技术突飞猛进，日新月异，仅电信业就令人刮目相看。这不，从BB机到大哥大，从手机通话到发信息，从互联网到微信，人类仿佛享受不尽高科技所带来的恩惠。为此，人们不仅感受到通信的便捷，而且还感受到它的无穷乐趣，尤其是刚刚才流行还没几年的微信，无比神奇，无比神速，就好像是电信行家揣摩过每个客户心思，专门为全球人定制出来的磁性"小玩具"；特别是经过朋友圈"发力"，世间的方方面面，有图的、有声的、有趣的、无聊的，源源不断地被传送到每个人的手机里。当你用手指这么轻轻一按，世界风云、国内大事、热点问题、异地风情、幽默段子、小道消息等，接踵而至，应有尽有。总之，自从有了微信，人们平添了一份忙碌、平添了一份情趣；同时，也造就了宏大的"低头一族"。

"啾啾、啾啾……"这是人群中不时响起的声音。只要手机处在信号源范围内，人们都能听到这种"鸟叫"的"告知"声。我不止一次发现，在微信群里，不光有追求时尚的青年人，而且还有不甘寂寞的年长者，可以说是男女老少齐上阵。以往，笔者经常埋怨身边小青年玩起手机来没完没了，可一旦轮到自己，那个着迷的劲头丝毫不比年轻人差，甚至比小青年的"玩心"更大，这说明微信的吸引力不针对任何人群，只要你愿意加盟，

"天下大同"。

不难想象，自打微信成了大众玩物之后，过去不出三门四户的人，现在都不一样了，只要开通微信，"朋友"就会排队等你"添加"，一经入"围"，海量般的信息就无时无刻不眷顾着你。好像世界就在自己的眼前。真实地讲，自从玩起了微信，我们的视野开阔了，知识丰富了，交际增多了，这是积极的一面。不过，我们也应该看到，任何光彩熠熠的背后，都有龌龊、邋遢、糟糠的另一面，尤其是在无孔不入的自媒体盛行之下，微信更是如此。

人们都懂得，微信是一个供人应用的平台，可以说，它八音齐鸣，众声喧哗，信息波涌浪迭，泡沫裹着泥沙，都会一股脑儿向人们倾泻。有大事、有小事，有见闻、有虚拟，有赞扬、有谩骂，有真实、有假冒，可谓是真真假假、林林总总。假如你是个有见识的人，且有一定的分辨能力，你肯定能做到处事不惊，应变自如；倘若你缺少一双慧眼，又不善开动脑筋，你难免如坠云里雾中，分不清好坏，辨不出真假。这也倒罢了，可是有些人在似懂非懂之时，或是拿无聊当有趣，随手又将"垃圾信息"转发给他人，成了"谣言""黄货"线上的自觉传播者。说得轻些，这是缺乏是非观念；说得重些，这是在给文明社会"添堵"，性质严重的，涉嫌违法。

先哲云："察见至微者，明之极也；探射隐伏者，虑之极也。"有时候我在想，面对微信这一新生事物，当你加入微信朋友圈时，你是否掂量过，你是想从中获得信息、获得知识，或是随便玩玩打发时光，还是为了满足好奇心、人云亦云，或是发泄心中不满？因为这种说法未见官方给出准确数据，不可杜撰，但后者肯定不在少数。

活在当下，我们颇感荣幸。按理说，高科技给人类送来"恩泽"，我们应该常怀感恩之心，即使不图你在使用微信过程中做出多大贡献，最起码不去做"亲痛仇快"的事情。在这方面，白岩松颇有心得：玩微信好比在图书阅览室，看不懂的书你可以置之不理，不懂不可装懂；能读得进去的，

亦可"见良思善，见莠思恶"，做人做事应该讲品位。

概而言之，生活需要主旋律，社会需要正能量。微信本是物，堪比万花筒，一切都由你来操持。不要小看这轻轻一按，你的一言一行、一举一动、是好是坏，都有可能在不经意间被传发到四面八方、各个角落。因此，你当慎言慎行，这可不是"闹"着玩的。

朋友，今天你微信了吗？

# 把年过好

　　每到过年的时候，人们都会情不自禁地想到一些问题：为什么要过年？怎样才算把年过好？也许这些话语即使不在嘴上念叨，也会在心中嘀咕。因为，对于中国人来说，过年是一个很大的民俗，把这个年过好举足轻重，意味深长，它关系到人们意念中的幸福指数以及未来是否风调雨顺等。所以，在一般情况之下，居家尤其是一家之主都会倾其所能，费尽心机，把年过得让全家人皆大欢喜，笑逐颜开。

　　事实上，谁不想把年过好呢？只要他不是另类，都会想方设法把年过得丰富多彩，吉祥如意。君不见，每当节日来临之前，人们就好像被一根红线贯穿似的，一门心思，该买的买，该准备的准备，毫不吝啬，哪怕再困难或再忙碌也在所不惜。诸如：除旧布新，洗洗涮涮，购置年货，杀鸡宰羊，翘盼亲人等。唯恐某个方面存在疏忽，不够尽善尽美，还不时检查来检查去，每个人的脸上都写着虔诚。

　　然而，你不要以为年货买得越多，先前准备得越充分，年就过得越好，这至少说在认识上是个误解。谁不记忆犹新，每年春节过后，一些人就怪话连篇，什么委屈都有，所暴露出的问题也呈多样化。谁人不是深有体会。有趁家人集中算经济账又偏偏计较得失而闹得不可开交的；有夫妻感情不

和又互不相让大打出手的；有胡吃海喝折腾自己身体的；有利用几天假期连轴泡在赌场上的，即使是造成家庭支离破碎，或是闹出人命案子的也不在少数，可谓是林林总总。

说到过年，它实际上就是延续传承多少年旧的民俗，尽管缺少创新的成分，但是它符合了大众化生活习惯以及精神追求，谁都不敢轻易对这一过节形式进行改良和颠覆，哪怕他多么穷困潦倒，多么生活窘迫，到这个时候，他都会在内心发出祈祷，期盼自己也能像正常人那样过上幸福、美好的生活。这就是过年的魅力所在，也是不以人的意志为转移的客观因素，谁都抗拒不了。

不过，时代在发展，人类在进步，特别是改革、创新、求变、务实风气正在席卷大地之时，面对那些明显带有封建、低俗、危害、违法等陈规陋习，如果还是不加抵制，或听之任之，或我行我素，或推波助澜的话，那就与当代人格格不入，俨然成了倒行逆施者。比如，今天的人们已不再为吃不饱而发愁，何必在此时一味往家买大鱼大肉，这样既增加容器负担，还容易造成浪费。又比如，放鞭炮的确能烘托节日气氛，可雾霾也害人不浅啊，你是想要健康，还是想要爆竹声，难道就掂不出孰轻孰重？还比如，适量饮酒是好事，过量就会乐极生悲……节日过后，那类"综合疲劳征"不都是以上原因造成的吗？

或许，笔者是杞人忧天。在当今社会中，人与人不一样，接受事物亦千差万别。我想平平淡淡，他想轰轰烈烈；我想粗茶淡饭，他想大鱼大肉；我想悠然自得，他想热情奔放。这些都可理解。生活的本真就这么奇怪，智者也好，愚者也罢，人们好像都在是与不是之间存续，谁也说服不了谁，任凭各人自由选择。况且，诸如为采购年货花的是自己的钱，买多买少与他人有何相干！问题是，挣钱不容易，这钱花得值不值，有没有条理性，这倒值得人们去好好思考。假如花钱花精力却买来"罪"受，或是自己不

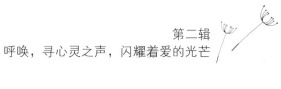

愿意看到的结果，岂不本末倒置，后悔不已。

不知哪位老先生曾经说过："把正确的事情做正确。"这无疑是一个颇有主见的思想。就拿怎么过年来说吧，这里边的含义非常鲜明，它至少包括懂科学、会生活。如果借用这样的理论来指导实践的话，我们又何愁春节过得没有新意呢。因此说，把年过好，不光要有财富意识，还要有观念更新意识，毕竟如今是个新时代。

过年是一面镜子。它真实地反射着社会现象，以及生活在这个时代当中人们的精神面貌。我们每个人都可以对照这面镜子，照出真实的"我"，并且能驱使"我"紧紧跟上时代的步伐，这恐怕也是年俗的重要组成部分吧！

# 为逝者祈福

2015 年 6 月 1 日 21 时 30 分，一个巨大的灾难突然降临到人间。一艘由南京开往重庆，名为"东方之星"的游轮，在遭遇龙卷风袭击后顷刻翻沉，船上 454 人除 12 人获救外，其他全部葬身江底。从电视画面中看去，当救援人员将那些遇难人员尸体从水下、船舱中捞出，那一情景无不让人动容，令人撕心裂肺。回想起那触目惊心的一幕，多少条鲜活的生命，几乎都在瞬间就被无情地剥夺，从而过早地熄灭生灵之火。

人的生命是脆弱的，有时脆弱得不及一张白纸的韧度。在那些不幸罹难者中，多数为老年乘客。在这些长者当中，也许他们过去有过不尽如人意，有过艰辛历程。可当他们步入老年群体，尤其是不再为努力打拼赚取薪水之后，选择游山玩水并快乐地活着。对他们来说，活着就意味着有幸福，有奔头，抑或向着高寿，向着更加美好的未来出发！然而，当无情的灾难毫无征兆地向他们袭来时，他们还来不及向亲人或是朋友说一个字一句话就撒手人寰，一脚踏进"鬼门关"，从此与亲人阴阳相隔。人生的命运就是这样多舛，谁都很难预料。

人总有一死，谁都无法抗拒，这是客观规律。旧时，即便是皇上被"万岁""万万岁"喊得震天响，即便是"不老参"以及高级"滋养品"整天供着，

也无济于事，最终难逃死亡。不过，人类的死，有多种原因，除寿终正寝，即人们常说的"老"去之外，其他诸如病死、饿死，死于地震、车祸、矿难、战争、杀戮等皆属非正常死亡。据资料显示：全世界每秒钟出生 4.3 人，每秒钟死亡 20 人，虽这一数字都为概算，不足为据，但也足以令人担忧。再拿本土来说吧，我国占世界人口五分之一，每年非正常死亡人数均超过 320 万。中国尚不属于战争和疟疾高发地区，可想而知，全世界每时每刻非正常死亡人数大得多么惊人。本来完完全全可以好好地活着，慢慢变"老"，直到燃尽最后一丝"火焰"，让每一个人有尊严地离去。然而，因为天灾人祸，有些人过早地就被剥夺生命权，这不能不说是人间最可恨可悲的惨剧。

唐代著名医学家孙思邈曾经说过："人命至重，有贵千金。"由此不难理解，世间最珍贵的物种莫过于人的生命。人们把生命看得比什么都重要。可是，"天有不测风云，人有旦夕祸福"的古训常常在人类面前晃来晃去，时不时得以反复、重叠验证。而且当人们面对各种灾难时，又总是显得那么孤立无援，那么不堪一击，比如说这次沉船事件，谁不是眼睁睁地看着鲜活生命顷刻间被淹没。对此，谁不心如刀绞，谁不悲痛万分？

人死不能复活。人们在痛恨这些突如其来的灾难时，亦不免为那些脆弱的生命感到深深的惋惜。今天，我们在悼念那些早逝的人，特别是处在"悲莫悲兮生别离"之际，人们应该多一些理性，多一些追思。有些时候，死神不按套路出牌，往往是在丝毫不被察觉的情况下，悲剧就悄然发生。这就需要活着的人们，要化悲痛为力量，弄清真相，讨要说法，吸取惨痛教训。其外，为继承遗志，让逝者安息，亲人在活着的时候，肯定留下诸多未尽事宜，作为亲属理当担此重任，处理好善后；珍视生命来之不易，呵护好亲情关系比什么都宝贵，任何时候都不可忘却，这也是告慰亡灵最好的方式。

借用新华社综述文章中一句话：灾难中，我们上下同心，举国相助，坚定前行。"虽死而不朽，逾远而弥存。"因为世间的偶然性，导致一些生灵过早地踏上天堂之路，这是不以人的意志为转移的，人人都不愿面对。既然人类注定了向死而生，活着的时候那就倾其所能好好地活着，尽可能享尽人间快乐；即便是摊上了"不幸"，也只能听凭天意安排，随命运摆布，就当命中注定。"人归去，悲凄凄，长起哀声不挥兮。"既然如此，就让活着的人们带着惜别之情与"东方之星"上的逝者挥挥手吧，哪怕是噙着泪水，也要用最神圣的方式，为逝者祈福，愿他们去天堂路上随遇而安，一路走好！

# 当林黛玉遇上薛宝钗

喜欢读《红楼梦》，因为读《红楼梦》总能让我顾影自怜却又心思泉涌，尤其对林黛玉这个超脱凡尘的女子情有独钟。平心而论，林黛玉和薛宝钗都是曹雪芹笔下才高八斗、气质非凡的绝色女子，但当林黛玉遇上薛宝钗，她们两人却相貌气质迥异，不分伯仲。如果说薛宝钗是大家闺秀，那林黛玉就是小家碧玉；如果说薛宝钗是典型的标准淑女，那林黛玉就是任性的可爱小女人。

很多学者认为，现代女子，应该汲取林黛玉和薛宝钗之精华。真能做到这样的女子固然是好，但试问，又有几多女子能如此？林黛玉就是林黛玉，薛宝钗就是薛宝钗，她们各有千秋。世间女子风情万种，各有可爱迷人之处，何必强求非要集百家之所长呢？活泼可爱是美，温柔贤淑也是美；浪漫妩媚是美，大方热情难道就不是美吗？女人的美，在于朴实无华的自然情感，在于善良纯真的内心。

俗话说："金无足赤，人无完人。"读过《红楼梦》的人，一提起林黛玉，总喜欢拿她与薛宝钗做比较。有的尊薛抑林，有的尊林抑薛，有的持中立态度。撇开宝钗不说单看黛玉，的确人间极品。但是当林黛玉遇上薛宝钗，真可谓"既生黛何生钗"？可没办法，当年曹雪芹塑造的就是这么两个既

独立完美又互相不完美的美人。

论容貌，两人各有千秋。当谈到薛宝钗的容貌时，用"人多谓黛玉所不及"来形容，我倒觉得欠妥当。林黛玉的美是一种"病态美"，正如曹雪芹所描述的"两弯似蹙非蹙罥烟眉，一双似喜非喜含情目。态生两靥之愁，娇袭一身之病。泪光点点，娇喘微微。闲静时如姣花照水，行动处似弱柳扶风。心较比干多一窍，病如西子胜三分"。而薛宝钗的美则是一种"大气美"："肌骨莹润，举止娴雅。唇不点而红，眉不画而翠，脸若银盆，眼如水杏。"世界上美丽女子不计其数，若真能比个上下，为何古代四大美女至今没有分个高低？

论才学，林黛玉和薛宝钗不相上下，各领风骚。薛宝钗在诗歌创作中提出要"各抒己见""不与人同""要命意新奇，别开生面"。其诗构思新颖，意境深邃，具有雍容典雅、含蓄深厚的风格。而林黛玉也不逊色，仅是她在对湘云出的对子"寒塘渡鹤影"时说的那句"冷月葬花魂"就足以显出她的才情了。更别提她在元春省亲时帮宝玉解围轻而易举地作诗两首。大观园的诗人何其之多，不过，在我的印象里，《红楼梦》里刻画林黛玉的才学比薛宝钗要多。毕竟，林黛玉才是曹雪芹笔下最重要的"药引子"。

论性格，两人千差万别中又有相似之处。俗话说，"观人行，知人性"。从一个人的爱好就可以看出几分性格。《红楼梦》第四十回写薛宝钗住的蘅芜院："及进了房屋，雪洞一般，一色玩器全无，案上只有一个土定瓶，瓶中供着数枝菊花，并两部书，茶奁茶杯而已。床上只吊着青纱帐幔，衾褥也十分朴素。"

薛宝钗出生于富贵豪门，却具有朴实的生活作风，彰显了薛宝钗优雅淡定的个性。而林黛玉一直梦想过世外桃源的生活，视金钱物质如粪土。这点她们是相似的。但她们生长的环境不同，个人性格迥异也是必然。如

果没有林黛玉的"小气"，哪能衬托出薛宝钗的"大度"？如果没有林黛玉的"孤傲"，哪能彰显出薛宝钗的"谦虚谨慎"？所以，性格谁好谁坏，我们都不用去刻意比较。要知道，一部成功的文学作品，人物塑造至关重要。它需要各种不同性格的人物来点缀修饰。那样，这部作品才更有凝聚力，更完整。

论思想，薛宝钗是"现实主义派"，而林黛玉是"浪漫主义派"。有人评论"宝钗从不做不实际的梦，只为有可能实现的理想，做着脚踏实地的努力"。而林黛玉"只谈纯精神，不懂适应环境，鄙视那些乐天达命之人，是虚伪的，矫情的"。我觉得这似乎不妥。大家有没有想过，为什么薛宝钗能脚踏实地？为什么林黛玉又富于幻想？难道不是和她们各自从小生活的环境有关吗？薛宝钗没有林黛玉寄人篱下的沧桑感，她没有任何幻想的必要。她的生活背景注定她只要脚踏实地就能过得很好。而林黛玉不同，她注定寄人篱下。自尊心很强的她没有任何有利于她的现实条件作基础，只能靠幻想来弥补自己精神上的虚空。平心而论，你又怎能谴责林黛玉的浪漫主义思想呢？

的确，薛宝钗是个难得的好女子，不愧为大家闺秀的典范。她若放在皇宫禁苑，她是位能够母仪天下的皇后；若放在富室豪门，她是位贤良能干、恩威并施的主母；若下嫁了白衣秀士，她准能相夫教子，让他们出将入相；若老公是位风雅之士，她还能与他吟咏唱和，谈古论今。很多人都认为知书达理、温敦聪明、幽娴贞静的宝钗是不可多得的老婆人选，而男人都害怕林黛玉型的女人。但这样的评论对林黛玉是否公平呢？想想，林黛玉作为古代封建社会爱情的牺牲品，固然她才情四溢，但终究逃脱不了"自古红颜多薄命"的厄运。而薛宝钗至少还能活着，还体味过什么是婚姻，尽管是没有结果的婚姻。而林黛玉只能遗憾地薄命而终。林黛玉是自己想死吗？当然不是。她也想得到美丽纯洁的爱情，没有疾病的烦恼，幸福地活

下去，可现实不允许。她到死都不知道自己究竟败在何处。这点，薛宝钗比她幸福。很显然，她成了最后的幸运儿，因为她还活着！

于是，当林黛玉遇上薛宝钗，纵使你才情四溢，倾国倾城，死，便成了必然；活着，便成了过去！

# 狼性与人性的生死博弈

看完《狼图腾》后，有人说影片没有忠于原著，有人说影片低于期待值。甚至有多年到过内蒙古牧区插队的老知青说小说虚构了一个事实，一种文化。说蒙古族牧民非但不以狼为图腾，而且对狼格杀勿论。我没到过草原，也没有看过《狼图腾》的原著，单单从电影的角度来说，《狼图腾》在中国电影史上绝对算得上佳作。这是一部带有野性、充满狼性，很壮美，也很悲情的电影。影片用深邃的视角和史诗般的人文胸怀吟唱了一曲游牧文明和草原生态的挽歌，深刻地展现了内蒙古大草原上狼性与人性的生死博弈。

首先，影片的主题在于人与自然的精神交流。男主人公陈阵作为一名来到内蒙古的北京知青，他是第一次这么近距离接触大自然，他与狼的搏斗、追逐、厮打、饲养中，逐渐被狼性所迷住并被折服，他希望通过养狼来了解这种草原生物。但是，大自然和野生动物都不是人类能轻易读懂的。陈阵一开始是站在捕杀者的阵营中，之后他养狼，对狼的感情就暧昧模糊起来，他不希望人们捕杀狼，但是狼确实在威胁着羊群和人类的安全，这是不可调和的矛盾。所以，陈阵之后就一直处于矛盾状态中。影片想要告诉人们，狼是有自然血性的，人很难驯服一只野狼，也不应该去驯服一只

野狼。

其次，影片的立意不偏不倚，落于人与自然的生态平衡。电影中着重刻画了三个对待自然不同态度的人物，草原牧民、北京知青陈阵和包顺贵主任。包顺贵这个角色代表着官僚和人类文明，他还原了人作为自然入侵者的一个本态。从人类文明的生活方式掠夺自然，对自然的掠夺必定会打破草原生态平衡。草原牧民则代表着在草原追求与自然和谐共生的群体，他们以游牧民族的生活方式融入自然，世世代代利用自然"可持续发展"的生存方式，但他们的游牧生活方式与当代文明也会发生冲突。北京知青陈阵代表着外来人对草原自然壮美的天真幻想。陈阵只是一个过客，插队结束后自然会回到文明世界。他们身上没有任务，代表了中立，他们对草原牧民与自然和谐共处的崇拜，对包顺贵掠夺自然的藐视，对自然的痴迷使得他总是想着干预和驾驭自然。而俗话说："冤冤相报何时了。"这样恶性循环的人狼生死博弈最终只会导致大自然的生物链受到严重破坏，人类与自然的生态失去平衡。

最后，影片中关于人性和狼性的思考。影片前半部分从一系列狼为了自身的生存而去杀戮黄羊群，着重刻画了狼的残暴、险恶。狼把杀戮来的食物埋藏起来储备来年再用，却被贪婪的人们全部掠夺干净。而春天大规模的掏狼崽运动激怒了草原上的狼群，悲愤的群狼在黑夜里点亮复仇的眼睛。这一切引来了狼群对军马群发动的大规模自杀式攻击。而后狼群袭击牧民圈里的羊群由此引来人们的打狼之战。当外来文明毫不留情地举枪，我们看到的是狼群生命的顽强与不屈。当猎狼队将头狼团团围住，头狼无路可退时，一只狼选择跳崖自杀，一只狼选择将自己埋进深山也不让牧民得到自己的狼皮，最后一只狼在吉普车的追逐下，活活累死。的确，人和狼不可能和平共存，由狼性的自然天性来反衬扭曲的人性是电影的本意，但最后包顺贵的态度转变也代表着人性的转变。他被狼不屈的生命力所折服，虽然他并没有因为自然的壮美而放弃征服的脚步，却开始对过度开发自然进行反思，选择了对自然和生命的尊重。

《狼图腾》中有太多值得我们去思考和斟酌的地方，而给我印象最深的一段话却是："草原狼是天生的战士，它需要以冒着生命危险为代价去捕猎，你把它的这份骄傲夺走了，它还靠什么去生存？"足以显示狼对草原人民的神圣意义。《狼图腾》体现的是狼性与人性的生死博弈。在这场博弈中，狼是真正的主角，人与自然反而成了配角。就让我们永远记住草原狼站在山顶月光下，凛风长嗥时那双透着坚毅光芒的绿色眼睛吧！

# "鸡头"与"凤尾"

  每年过年回老家，同学聚会是少不了的。今年也一样，风风火火回到老家，还没整理好行李，就被几个要好的老同学叫去茶楼叙旧。

  大家见面寒暄几句后便开始天南海北、高谈阔论起来。我在外面已经工作十年，每次回老家，为了给自己挣几分面子当然也是打扮得光鲜亮丽。当年辞去了老家的公职，在外考了研究生，毕业后就留在了省会城市工作。而那些同学要么在老家的小县城里当老师，要么进了基层公务员队伍，过着不咸不淡、悠然自得的生活。也有几个混得好的男同学，已经当上了镇长，或者小学校长的。大家吹捧艳羡之余，言语之间，都是醉翁之意不在酒。

  几番红酒品酌之后，我也成了几个闺蜜羡慕嫉妒的对象："婷婷，我看啊，我们几姐妹中，还是你命最好，有条件去大城市发展，做个城市人。你看我们几个，一辈子就只能待在这小县城里面了，都不知道外面的世界到底有多精彩。哎，真是羡慕你啊！"看到闺蜜们对我的羡慕之情，心里当然美滋滋的，哪个女人不爱面子呢？

  于是，为了安慰闺蜜们失落的心情，让她们寻找心中的平衡感，我也毫不避讳地倒出了自己的苦水："外面的世界哪有你们想得那么精彩？我觉得还是你们在老家小县城的日子过得舒服。你们工作没有压力，孩子都有老人帮忙照看，不用自己操一点心。闲下来时候想打牌就打牌，想逛街就去逛街，想玩到多晚回家都没人说你，多惬意舒坦啊。你看我，虽然在外面表面看着光鲜，但真是压力山大啊。像我这样从小过着公主般生活的女人，现在独自在城市里生活，没有父母的帮助，也只能自己辛苦带孩子。工作压力也比你们大多了，做不好随时可以走人的。"

"可是你在外面买了几套房子啊，你们大城市的房子得多值钱啊！"闺蜜反驳道。

"我是买了房子，可是我们得还贷，不是买了就不用管的。"

"听说你老公不是很能赚钱吗？你怕什么？"

"城市里的生活成本和教育成本都比你们高很多。你看，你们在老家根本就不需要考虑买房子还贷款什么的。自己家修那么大栋房子，有个正式的事业单位工作，不愁吃喝，不愁没钱，不愁孩子没人带。这样安逸的生活，放在十年前，如果给我一次重新选择的机会，我肯定选择回来，而不是留在外面。"我故意谦虚道，以免闺蜜心生嫉妒。俗话说，女人是最爱嫉妒女人的，这一点真不假。但如果真让我重新再选择一次的话，我还是选择留在城市里。

"你这是身在福中不知福吧，得了便宜还卖乖呢，真是！"闺蜜直言不讳打断我。

"哪啊，你看我在外面，看着是挺光鲜，可是论生活质量真的不如留在老家的你们。外面是见多识广些，机会也相对多些，但现在网络世界那么发达，信息又不闭塞，我觉得生活在大城市还是小县城并不是阻碍一个人思想进步和知识发展的主要因素。俗话说，金子在哪里都能发光，地域不能决定一个人终生的发展潜力。"我仍然努力安慰着闺蜜们那颗对外面世界好奇而不安分的心。

"我们在老家是过得悠闲自在，心宽体胖。可这样优哉的日子过久了

也会腻，总觉得自己没有一点人生价值。你们虽然在外面奋斗得比我们辛苦，但是你们的奋斗是有意义的，难道不是吗？"闺蜜还是一肚子的苦水，似乎心有不甘。

"我看你们才是身在福中不知福呢，过着那么安逸的日子还嫌生活没有意义。人生是否有意义并不是取决于你是在大城市还是小县城。那些伟人还都是从农村里走出来的呢。我说你们这几个女人真是安稳日子过多了，是非不分了吧。就像人们常说的，你是愿意做'鸡头'还是做'凤尾'？这其实只是个人的选择。就好比我们现在，你们几个要么是官太，要么是女强人，要么是老总夫人，在小县城过着人上人的生活，做了'鸡头'。我在大城市里只是一名普通的老师，只能当'凤尾'。到底是做'鸡头'好还是做'凤尾'好，这无法定论。我觉得每个人都有自己的发展空间，最关键的是要找到合适自己的，才是最好的。"

之后我们又讨论了很久，而关于到底是做"鸡头"好还是"凤尾"好，始终没有得出结论。当初我奋发向上努力考上了研究生，于是辞了老家的正式工作，只身来到大城市奋斗。老家的同学都觉得辞掉公职太可惜，只有我自己，拿出了破釜沉舟的勇气，摒弃了患得患失的心理，最后选择留在了那座城市里，并告诉自己，不管以后的路途如何艰难，这是自己的选择，都绝对不能后悔。

所以，不管你是愿意做"鸡头"还是做"凤尾"，我觉得，如果不努力，不争取，只是抱着守株待兔、等天上掉馅饼的心理的话，那无论是"鸡头"还是"凤尾"，你都做不好。人的一生中有许多美丽的风景，哪能一一领略？既然选择了，就勇往直前，绝不后悔，那才是最有意义的人生！

# 我和冬天有个约定

素来怕冷的我，一到冬天就把自己裹得严严实实，密不透风。当同事们还穿着抓绒运动装的时候，我就已经迫不急待地换上了轻薄羽绒服。于是，同事们见了我无不惊讶地问到："有这么冷吗？"我只是嫣然一笑。是啊，真有那么冷吗？当然不是，只是因为在我的内心深处，早就和冬天有个约定，要让人们看见了我，便如看见了冬天。

从姹紫嫣红的初春，到枝繁叶茂的盛夏，再穿过流光异彩的暖秋，透过这段循环不息的生命之旅，最后来到银装素裹的寒冬。雪是冬天的天使，是纯洁的化身，是冬日里的白色精灵。那漫天飞舞的雪花携着清爽的气息急沓而至，在那被白雪装饰的世界中，一朵朵、软绵绵、轻飘飘，安安静静地飘然而下，落在冰冷的掌心里，化作一滴滴清凉的雪水，那久违的清新淡雅给人们带来了一种宁静的喜悦和安然的幸福。片刻，在白雪茫茫的世界里，城市的喧嚣烦躁与浮华不安瞬间被洗涤得一干二净。与雪邂逅的我，贪婪地收集着雪花，一片一片，生怕它离我而去，于是紧紧相随，只为了那个和它的约定。

冬天的街道总是分外冷清，灰色的天空偶尔泛着丝丝红霞，大地霜雪弥漫，沉浸在丝丝缕缕的寒气里。透过迷雾的间隙，斑斑驳驳的光影洒落

到人间的万家灯火里。而记忆中，冬天总是有着一丝慵懒的回忆。每个大雪纷飞的夜晚，怕冷的人们自然而然地躲进了温暖的房间里，脱下大衣外套，舒展身姿，在冬夜的小屋里，温一壶茶，捧一杯在手里，斜靠在小窗前，明眸一瞥，窗外白雪茫茫，满树满枝丫的残枝断叶缀满了玉蝶琼花，这般雅到极致的美，令人不禁思绪飞扬，恍如自己化身白衣女子，在白雪皑皑里与雪的精灵翩跹共舞，携着梅香、漫过心弦，奏出冬日的干净流畅，如此暗香潺潺，怎么也不舍离去。小屋里突然照进一束温暖的灯光，把我的思绪拉回尘封的光阴里。这时候，任凭茶烟袅袅升腾，心事静静蔓延，只需要汲取那一丝丝暖意，尽情慵懒一番，便已足矣。

当然，冬天也有阳光灿烂的时候。暖冬能给人温暖，给人力量，能让冬日沉寂的生命刹那间春意盎然，能吹落心灵蒙尘已久的粒粒尘埃，能让千里冰封万里雪飘的世界从此冰雪消融。每当我幻想着伸出手去想抓住那一缕冬日的阳光时，它却总是羞涩地从我的指缝中溜走，消失得无影无踪。

冬天来了，我以一束腊梅的雅姿、以一羽白雪的曼妙，袅娜风中，素裙翩翩、笑意盈然迎接你。可不知，你是否还记得我？是否想起我们曾经有过约定。我想，你肯定还记得我这个素来怕冷，而又偏偏爱上了你的素衣女子，不然你怎会那么急匆匆而又一身潇洒地飘落到我住的城？只有我知道，你洋洋洒洒几千里，只为了我们的约定；只有我知道，你为了盛夏的繁华似锦，为了深秋的硕果丰盈，苦苦等待，悄悄来临，最后以博大坦荡的胸怀接纳白雪世界的满目苍凉，以换取来年初春的勃勃生机。是的，冬天，我和你有个约定，我们约定在每一个寒风凛冽的萧瑟冬季，我来为你弹奏一曲白雪的动人旋律，添一笔浓墨重彩的书香，舞一段爱意绵绵的儿女情长。是的，我们早就有个约定，我要永远缱绻在你的怀中，一起等待来年的寒风霜降和漫天飞雪……

# 失孤路上不孤单

看网上的影片点评率颇高，而且又是天王刘德华倾情主演，去电影院看《失孤》则成了必然。我是个感性的人，看完《失孤》，我已经情不自禁地抹了好几把眼泪。心中感触的东西太多，为人性的善良，也为了人性的丑恶。

孩子是父母的心头肉，是父母的希望，在中国至少是这样的传统观念。中国的父母，大都望子成龙，望女成凤。即使只是普通老百姓的人家，也希望自己的孩子能一生平平安安，为自家延续香火。而孩子被弄丢，则是一般父母所不能承受的。不管孩子是自己走失还是被人贩子拐走，失去孩子的父母和家庭，不是变得支离破碎就是苟活于人世，内心的痛苦自不言说。

影片中主要把握了四点，让主人公雷泽宽在绝望中充满希望，在希望中去坚定自己的信念，对于寻子永不放弃。悲情中充满了温情，结局让人感到既圆满又期待更多的圆满。

首先，片中告诉人们，人贩子是多么可恶。当人贩子利欲熏心把孩子当作商品拐走后低价卖给不知名的人家，失去孩子的父母是何等悲痛？有的孩子还不知道被转手了多少次卖到了哪里。而孩子被拐走后给社会和家

庭带来的直接后果就是，父母个个都惶惶不安，没有安全感。而已经失去孩子的家庭则更加悲剧，有的夫妻因失去孩子感情破裂最后离婚了，有的母亲因太思念孩子又无法知道去向而疯了，更有的母亲因无法承受如此的伤痛心理失衡自杀了。这都是可恶的人贩子拐卖孩子后给社会和家庭造成的不可挽回的严重后果。

于是，影片中便开始呼吁社会，呼吁人们，呼吁人民警察要严厉打击人贩子，不给他们有任何犯罪的机会，不让他们给任何家庭造成无法原谅的伤痛。网络和微信贯穿影片。影片在告诉人们，网络和微信的力量是巨大的。只要人们多一点爱心，多一点责任，社会上多一些志愿者，并通过网络传播被拐孩子的信息，通过微信转发朋友圈，那么，爱心终将敌过险恶的人心，一定能将人贩子绳之以法，还社会一个安宁，还父母们一个安心。

再者，影片中贯穿始终的主题就是永不放弃的信念。刘德华主演的农民雷泽宽，单枪匹马跨越了大半个中国，找了孩子整整十五年。可想而知，对于一个普通人来说，这样千里寻子的心理承受能力得有多大。十五年，那是怎样的坚忍和毅力？十五年，那是怎样的心酸和无奈？十五年，那是怎样的充满希望和失望的人生漫漫旅途？而除了片中主人公自己永不放弃的信念，他还把这种信念传递给从小被拐卖的外表阳光却内心忧伤的帅小伙曾帅，并历经各种艰险、一波三折，帮助曾帅最终找到了亲生父母。每当曾帅想放弃寻找父母的时候，他总是坚定不移地鼓励他继续寻找，让他对寻亲充满希望。我还清晰地记得曾帅说过的那句话："失去孩子的父母可以大声喊出来，但我不可以，原先我担心我来不及长大，没找到他们我就死了，现在我长大了我又担心，我来不及找到他们他们就死掉了。"可以看出，从小被拐卖的曾帅在寻亲无望时内心的痛苦与煎熬。而在雷泽宽帮助他找到亲生父母，他梦想着有自己的身份证去派出所输指纹的那一刻，又是多么激动与感恩。而这一切美好结局，都源自他们永不放弃的信念。

最后，寺院大师说的哲理话让整部影片画上了圆满的句号。雷泽宽问大师："师父，其实我一直没有明白，为什么偏偏是我的孩子不见了呢？"大师没有给他答案，只说了一句"阿弥陀佛"。雷泽宽又问："师父，你说我还能找到他吗？"大师回答："他来了，缘聚，他走了，缘散；你找他，缘起，你不找他，缘灭；找到了，缘起，找不到，缘尽。"雷泽宽还问："师父，那你能告诉我，他还活着吗？"大师回答："走过的路，见过的人，各有其因，各有其缘，多行善业，缘聚自会相见。"大师的话犹如一勺子心灵鸡汤，刹那间让雷泽宽恍然大悟，让他有了更加坚定寻找的信念和希望。

雷泽宽，一个普普通通的农民，没有任何家庭背景和人际关系，没有富余的钱，他只能靠自己老老实实的本分和永不放弃的心，一路上边打工挣钱边去寻找丢失了十五年的孩子。不管路途多么遥远，不管将面对多少挫折，他寻找孩子的心始终如一。用他自己的话说："十五年了，只有在路上，我才感觉我是个父亲。在这十五年里，只有在路上，我才觉得自己对得起他。"而我想说的是，雷泽宽，你放心，失孤路上，你并不孤单。你的孩子也会知道，他的父母一直在找他，从来没有放弃过他。这条路很遥远，很艰辛，但不是只有你一个人，会有千千万万的同胞陪着你，帮你找寻你的孩子。希望在前方，失孤路上，总有一盏灯为你点亮！

# 漫漫修行路，始于足下

　　"世界那么大，我想去看看"，简简单单的十个字，却足以让我在深夜里辗转反侧，回味良久，难以入眠。就是这封史上最具新意、最具诱惑力，也最能令人思考、最值得回味、最具有情怀、最任性的辞职信，引起了无数人的感怀和共鸣。是啊，世界那么大，你难道不想去看看吗？

　　我相信，这个世界上的每一个人，对于这个世界都是好奇的，都想去看看这个世界究竟有多大。可是，简简单单十个字，却说出了多少曾经心怀周游世界的梦想但临死前也未能如愿的人的遗憾？道出了多少贫困山区留守儿童对大山外面的世界渴望认知的奢望？谱写了多少生活在中国大多数普通家庭，即使有时间也一辈子只为儿女子孙操劳的无奈？

　　是啊，世界那么大，我也很想去看看，我也想潇潇洒洒地任性一回。可现实情况是，我现在还不具备那样的条件。我可以轻松优雅地给我们领导写上这十个字，然后毅然诀别，头也不回吗？不可以，因为我需要这份工作来让我的生活继续下去；假使我老公足够有钱养我，我也一辈子不需要工作，我又能毫无顾虑、欢天喜地地潇洒走一回吗？很显然，还是不可以。因为我已经是一位妈妈，女儿还太小，需要妈妈的照顾和关爱。我不想错过女儿在我身边成长的每一分、每一秒；又假如我既不需要工作，也不用担负一个母亲的责任，我就能一个人想干什么就干什么，走遍全世界吗？当然还是不可以。因为我即使有时间心无旁骛地去游览几个国家，但却不一定能有足够的时间和金钱去走遍全世界。

如果你是年轻正当时，不会为平凡的工作而瞻前顾后，不会为家庭的琐碎而操心烦恼，更不会因为经济上的压力而勒紧裤腰。你当然有足够的时间和精力以及金钱去好好看看这个世界。可是，能这样轻松坦然说出这句话，最后又实现这句话的又有多少呢？这个世界是很大，可是要想走遍全世界，不是只靠美丽的幻想就能实现，必须有足够的胆识勇气和经济实力。如果只是国内，你当然可以有选择地穷游一番。但是国外的世界那么大，不是你去当个驴友，做个背包客，或者沙发客就能解决的。而那些还苦苦挣扎在贫苦线上的人们，世界那么大，对于他们，那也只不过是美好的愿望而已。所以，在真实生活中的大部分人，还做不到如此任性。

其实，世界那么大，到哪儿都一样。自己美好了，走下去就是脚踩莲花，步步生香；自己郁闷了，走到哪里都会见山愁山，见水恨水。世界那么大，而我们的漫漫修行之路，始于足下！

# 为心灵寻得一方净土

千百年来，人们一直生活在碧水蓝天白云之下。然而，这美好的一切都只留在昔日的记忆里……

住在现代繁华喧嚣的高楼都市，那些来来往往的人群，那些川流不息的车辆，那些充满诱惑的灯红酒绿，那些无尽的烦恼，就如甩不掉的影子一般笼罩在人们的心间。当一片片雾霾遮住人们的视野，当一缕缕汽车尾气冲向蔚蓝的天空，当一股股污水流入祖国的江河湖海，当一片片森林倾倒在祖国的山脊……终于，仰首，再也看不见湛蓝的天空和如雪的白云。低眉，也只剩下满目深深的无奈与忧伤。渐渐地，心便开始五味杂陈，人也变得不由自主，总希望为自己的心灵寻得一方净土，惬意地看着高山流水和小桥人家，能够每天悠然采菊东篱下。

于是，我忆起了心中的那座城，那座美丽的城，那座能为心灵寻得一方净土的城……

闭上眼睛，静静地感受回忆随意飘落在脸上的恣意。的确，那是座美丽的城。那座城，沿着我清新的思绪伸向远方。仿佛很远很远，又仿佛很近很近。那里有明净如水的蓝天，有清新荡漾的树林，有碧空洗净的流云。当落英缤纷的时候，满地琼瑶，美丽娴静，仿佛一片绚烂的花海，瞬间开

86

满我的心扉。那里，就是美丽的生态山水绿色园林之城——宜宾。

宜宾，犹如一位不施粉黛、天生丽质，撑着一把油纸伞的曼妙女子。当你游走在宜宾的大街小巷，仿佛置身于大师笔下的水墨画中，予人一种淡妆浓抹总相宜的美感。林在城中、城在林中、碧水绕城、山水交相辉映、园林绿地错落有致。春风摇曳，春天不仅消融在宜宾的五彩缤纷里，也弥漫在宜宾厚重、古朴、典雅的文化气息里。放眼望去，眼中只剩下一片片沁人心脾的绿。如若沐浴在雨中，整座城市则又是一片烟雨朦胧，在雨水的点染下则更显得娇嫩、静谧与柔和。它自身的美丽使得成千上万的人千里迢迢而来，为的只是看它一眼，感受它的幽静与安宁。

这是一座能为心灵寻得一方净土的宜居之城，是人们向往生活的人间天堂。她的美是极淡极淡的，犹如雨后的第一缕清香，舒适怡人。就算转身离去，那抹清香犹在。即使望穿百年，也能依稀看见人们伴着青山绿水在门前浅笑低吟、高歌欢唱……

# 从茅盾文学奖评奖说开去

据报载，由中国作协主办，每4年评选一次的中国茅盾文学奖第九届评奖结果日前揭晓。5部作品获奖，它们分别是：格非的《江南三部曲》、王蒙的《这边风景》、李佩甫的《生命册》、金宇澄的《繁花》、苏童的《黄雀记》。

说实话，我还没有来得及阅读这5部获奖作品，自然没有资格对其内容及表现手法等说长道短。不过，就这一届在中国具有最高荣誉的文学奖项之一的茅盾文学奖的评奖形式而言，尤其是在公开、公平、公正原则下进行的评选程序，以及所评选出过硬的、优秀的作品，深受人们关注和好评，这才是我有感而发的"话因"和"由头"。

从本届茅盾文学奖评选情况来看，众多评委在不受干扰的情况下，"关门"多日静心细读研判后，确定252部作品，经过6轮投票，从252部作品中选出80部，并按照80进40、40进30、30进20、20进10的办法，最后产生5部作品。这一方式，与其说是层层遴选，严格把关，还不如说是忍痛割爱，步步登高。在今天看来，这5部获奖著作，可以说能够称得上是顶尖水平。无疑，这也是近几年长篇小说中最优秀、最杰出的经典作品，5位作家获此殊荣当之无愧！

　　这次，在茅盾文学奖评选过程中，为什么能顺利进行，而没有留下什么"诟病"？盖因参与本次评奖工作的评委有一个共同点，那就是：他们都怀有一种对文学礼敬的姿态。因此，他们把手中的每一票，看得那么庄严神圣，那么不可亵渎，哪怕对不起友人，也不能让纯洁的文学蒙上羞辱。正如评委、沈阳师范大学特聘教授孟繁华评奖后在座谈会上所说："其实，就我个人而言，我是比较喜欢北方粗犷的文学风格的。所以对于《繁花》那种叙述方式，我不太喜欢。但评奖不是为了满足个人趣味，应该从整体着眼，既要看到王安忆笔下的上海，又要看到金宇澄笔下另外一个方言的上海。让获奖作品呈现多样、多元，这是我推崇的，所以我就投了它。"从评委的话语中不难看出，"宁可得罪朋友，也不能得罪文学"；不以个人喜好下定义，让文学的多样性铸就经典，这是本届评奖活动向人们揭示的可贵之处。

　　然而，环顾现实中的一些评奖情况，无论是说的还是做的，比茅盾文学奖评奖相差甚远，甚至把好端端的评奖活动搞得乌七八糟，令人不堪启齿。常常见到的乱象有："拉大旗作虎皮"，明明是一个地区的评比活动，生怕别人不知道主办方是谁，非要冠上国际的头衔、世界的招牌，以此来糊弄局外人；或是不看作品看来头，或是铜臭味十足，谁赞助得多，就把谁的名字列入榜单。也曾有媒体爆料一些文学评奖中的乱象。也有人编出顺口溜讽刺道："如蓄文奖遍地花，诸泛篇什像豆渣，若问君贤为哪般，皆因傍名需人夸。"

　　一位文艺评论家曾经说过："当文化艺术的存在价值被看好，被利用的空间就会随之延伸。"既然文学艺术逐步成为公共议题，作为管理者，或是拥有者，就应该有胆识、有智慧把这块纯天然园地打造好、守护好，最起码不让外行滞留在队伍中，策划、监督好评奖程序，不让庸常作品混进奖项当中，这几点要求应该可以做到吧！这次，中国作协在操办第九届

茅盾文学奖给人们留下美誉，恰似为文学百花园吹来了清新之风，让这个行业许久遭受"雾霭"浸渍的人们，感觉眼前一亮，为之一振！窃以为，只要按照惯例，上行下效，我们何愁文学的天地里没有真正的春天呢！

　　辩证关系告诉人们，就文学而言，文学创作需要好的环境，好的环境能催生好的作品。本届中国作协茅盾文学奖评奖为全行业开了好头，这一步迈得扎实、有力，相信各地作协都会紧随其后。可以预见，文学创作又一个新的繁荣期即将到来。

　　这个秋天，茅盾文学奖没有辜负文学，没有辜负社会，人们感到很欣慰！

第三辑

凝望，蓦然回首处，用生命阅读青春

# 一起逝去的青春

暮雨时分，撑着油纸伞，点点滴滴涌上心头。丝丝愁绪，顺着伞沿，低垂而下。似水流年，青春已逝，嘴里哼着王菲的《匆匆那年》，不知不觉仿佛走进了曾经那片匆匆的青春岁月……

记得那时候，我常常坐在窗前，歪着脑袋想："如果现在窗外起风了，那么，我就有了想飞的理由，有了要飞的借口，甚至将飞的畅想。"我傻傻地对风儿倾诉："风儿啊，你在哪里？能否在我想你的时候轻抚我的脸颊呢？快快来吧！你可曾知道？一个幽幽的颤影，静静地，在期待着，在等候着？"

于是，窗前，月下，镜中，顾影自怜……

上苍是公平的，他可能赋予你美丽的容貌，赋予你多情的才华，赋予你窈窕的身姿；但是，他可能会收藏你无比灿烂的笑容，也可能在你波澜平静的人生激起一阵绚丽的浪花，更可能当你风华正茂时让你不小心摔倒。所以，扮演好人生中的各种角色，才会使你的生活更加多姿多彩！

当你从阴影中走出来，迎接你的将是一片绚丽的彩霞。你是否有勇气去尝试它，挖掘它，接受它，改造它呢？在一片充满鼓励和期盼的眼神中，你是否勇敢地迈出了属于自己的那一步呢？当你在自己的阴影中惊奇地发现，原来你也是一抹七色的彩霞时，难道你还会生活在夕阳下的沼泽中吗？

当你挖掘到自己从未察觉到的潜力时，探索到自己从未体现过的人生价值时，难道你还会为你碌碌无为的生活而忏悔吗？青春匆匆，风儿渐起……

"啊！风儿真的来了啊！快看哦！"一个美丽的小女孩欣喜地喊叫着。是啊！水平如镜的湖面，小荷悄悄地探出她的小脑袋，微风轻轻抚摸着她的粉颊。她兴奋地四处张望着，对这个世界充满了好奇。突然，她把整个身子都探了出来，露出她那晚霞似的衣裳，一跃而起，缓缓地，迈开轻盈的脚步，踏着湖水柔嫩的肩膀，向着朝阳升起的地方飞去，飞去……

青春生活，红花绿树，万里江河，皑皑白雪，晴空突变……一切在我的眼里，都是一轴五彩斑斓的人生画卷。我要用我的手，描绘祖国的壮美，校园的温馨，人情的冷暖，还有我梦幻般的青春。在这里，我把自己淋漓尽致地献给我的青春。她用慈母般的爱心滋润着我，灌溉着我，抚育着我。让我懂得了如何去实现自己的人生价值。当初那个满脸羞涩的小女孩，现在已经轻松自如，露出美丽动人的笑容，用她那无私的爱和无限的热情灌溉着祖国未来的花朵。

来到依旧美丽的、梦幻般的校园，才发觉，生活，并没有我想象的那么简单。我，一粒宇宙中的尘埃，在这广阔的空间里，越发显得渺小了。于是，失落，彷徨，忧郁，徘徊……又悄悄地追随在我的裙摆下，风儿吹起，裙儿翩翩，却不知，尘土已飞扬……

又一次，在黑暗中摸索，在黄昏中漫步，缓缓地，静静地，一步一个脚印地，走！走啊走，走啊走，在青春的旅途中，一个俊秀的少年，脱去了人世间凡俗的气息，对她微微一笑，轻轻地，牵起她的小手，共同走向曙光……

风起了，云开了，雾散了，明媚的阳光洒满大地。一丝丝，一缕缕，透过她动人的脸庞，好美，好美！憔悴的面容，刹那间绽开成妩媚的花朵，她明白，幸福已经来临，青春亦无悔。在摇曳的风中，静静地怀念，怀念那些年，我们一起逝去的青春……

# 又是一年毕业季

转眼又到了六月末，这是个烈日当头、汗流满面的季节；这是个恋恋不舍、依依惜别的季节；这是个学生们歌颂毕业、轻松愉悦的季节。每到这个毕业季，在美丽的大学象牙塔里，到处可以看见紧锣密鼓搬运大学宿舍学生家当的搬家公司来来往往一趟又一趟，到处可见毕业班的同学们穿着五彩斑斓、风格各异的租来的毕业服拍照留念大学美好时光，到处可见行色匆匆却笑容满面的学生们忙忙碌碌急着办离校手续的身影，到处可见那些即将离校却无奈要分隔一方的难舍情侣……

这个季节，他们将与青春告别，就如《致青春》和《匆匆那年》里面演绎的大学青葱岁月一样，从此，他们将与大学的美好时光，与喜怒哀乐、五味杂陈的青春告别，与曾经单纯真实而未知将来是否洁于尘世的自己告别，与十几年孜孜不倦、刻苦奋斗的学习生活告别。他们将踏上人生更远的旅程，或是成绩优秀者选择继续求学深造，或是寒门学子为了生计毅然选择现实工作，或是不愁找工作的白富美或高富帅，不管三七二十一，扔下书包就来一次说走就走的环球之旅。

不管以哪种方式与青春告别，都是每个人人生中必须面对的毕业季，面对的青春告别。只是每个人的人生境遇不一样，所面对的现实状况也不

一样，所选择的生活方式也就不一样，所期冀的未来也当然会不一样。这与毕业季无关。人生来就是有区别的，或丑或美，或富或穷，或快乐或悲伤，或自信满怀或自卑懦弱，这些都与毕业季无关。毕业季对于每一个人都是公平的，不管丑美富穷，只要是走进过校园里的人，都会面临共同的毕业季，面临与老师、同学的短暂分离，面临人生中无法预料的未知，面临人生终有的生生死死。

所谓"天下没有不散的筵席"，既然人与人能在人世相识相聚，那么总有一天也会悲伤别离。但别离并不代表就永远不再相见，别离有时候是为了更好的相见，否则那么多的毕业后十年聚会、二十年聚会又何尝不是人生更美好的相见？那时候的他们，或许已经身为人夫或人妻，或者已经为人父母，或者事业有成意气风发，或者正处于人生的最低谷……但不管是以何种方式，何种身份再见，相信，那时的他们，回忆起当年的青春岁月和毕业季，眼里流淌的都是满满的深情和留恋。因为，青春只有一次，青春逝去了就再也无法重来，只能留在明媚的阳光里，留在温暖的记忆里，留在人们深深眷恋的心窝里……

又是一年毕业季，让我们为即将和青春告别的学生们大声欢呼吧！是的，毕业了，终于毕业了！寒窗苦读十六载春秋，终于毕业了！在这个轻松愉悦的六月毕业季，让我们用最美的微笑对我们终将逝去的青春致以最崇高的敬意，让我们坚信，无论在未来的人生路上面临多少困难挫折，多少美丽诱惑，都一定不要忘了原来的自己，不要忘了那颗永远真实的初心！

# 爱恨交加武汉城

　　夜深人静，总在流年悄悄而逝的静谧里，回想我在这座城的一切。时间、空间、事物的三维世界里，我的青春，我最美好的十年青春，都毫无保留地奉献给了这里，留给了这座城，这座让我爱恨交加的城。

　　初来武汉，是 2004 年的春天。那个春天，是我人生的转折点。我原本在湖北一个小县城的老家过着令人羡慕的安逸舒适生活，家境殷实，自己又是公办小学教师，端着所谓的国家"铁饭碗"，最关键的是那时的我才 18 岁。如花的年纪，在那样的一个小县城，追求者自然不少。但我天生孤傲高洁，当我的美女同事一个个觅得如意郎君，嫁作他人妇时，我的内心深处，天天念想的却是我那个一直追求的大学梦。当时的我不是没机会读大学，而是父母故意的安排。我们家三个女儿，他们希望看似性格最为柔弱的我留在老家，以陪伴他们的后半生。更甚者或许是怕我这样的性格留在人情冷漠的大城市会饱受苍凉。于是，我的大学梦在我 18 岁最美的年华里戛然而止。但是，不服输、心高气傲的我并没有因此接受命运的安排，而是在老家当了四年公办小学教师后，终于鼓起勇气，参加了全国成人高考，踏上了去省城大武汉的征程。

　　第一次来到大武汉，与我想象中大相径庭。那时候我们老家还没有通火车，要么选择坐飞机来武汉，要么只能坐长途卧铺客车。一向勤俭朴实的我当然选择坐客车。父亲不放心我一个人去，于是陪我到大学报到。我们是在汉阳钟家村的长途汽车客运站下车的，一下车就觉得武汉怎会如此陈旧不堪，如此灰头灰脸，如此缺乏生气。尤其是汉阳，看起来环境规划较差，垃圾遍地，建筑物败旧，到处破破烂烂的，没有一点省会城市本该华丽喧哗的影子。这一切，让我刹那间对武汉的形象大打折扣。觉得大武汉，也不过如此。

但是，当我开始融入这座号称"全国最大的县城"，在武汉度过了漫长的大学时光和研究生时光，才对这座城有了更深的了解。大武汉，何谓之大？说的是一种气魄、气势。在中国，能在城市名前加上一个大字的，恐怕除了"大上海"就只有"大武汉"了。之所以叫"大武汉"，是因为武汉有三镇，汉口、汉阳和武昌，流动人口有一千多万，比欧洲的一个国家人口还多。其实汉阳属于武汉的工业中心，在武汉三镇中自然是比不上繁华雍容而带有民国气质的汉口，也比不上文化底蕴深厚的教育中心武昌。武汉曾经被誉为"东方芝加哥"，武汉三镇综合实力曾仅次于上海，位居亚洲前列。然而，近些年的大武汉在经济上停滞不前，导致辛苦培养的本土人才大量外流，昔日的"东方芝加哥"已经不复存在。而对于大武汉的爱恨情仇，我用十年的美好青春足以证明。

对大武汉的爱，源于我在大武汉收获了工作、爱情和婚姻，还有我做母亲的幸福。爱情，无论在哪个城市里，总有一段让你或刻骨铭心，或痛心疾首，或悔不当初，或幸福美满。经过大武汉对我的人生洗礼，终于在我研究生毕业那年，匆匆忙忙把自己嫁了出去，决意把自己的后半生留给这座城，这座繁华奢靡不及上海，文化教育不及北京，却能让人苦中作乐、压力适中的城，让自己的人生在繁华中得以落幕。当然，对于我这样一个自视清高的文艺青年，对大武汉的爱，还源于它历史浑厚的楚文化和碧波

荡漾的美丽东湖,源于李白诗中的"黄鹤楼中吹玉笛,江城五月落梅花",源于它九省通衢的便利和高新产业聚集的光谷,源于它新潮时尚又富有古韵的汉街,源于它艺术气息浓厚的昙华林和武大锦簇似雪的樱花群……

有爱便有"恨",譬如这里的天,经常都是灰突突、雾蒙蒙的,永远不会像老家的天空那样清澈湛蓝,也很少能活在自然的天然氧吧里。如果一天不拖地,家里的地板就能明显看见一层灰;譬如这里被人们称为三大火炉之一,一年中日最高气温超过35℃的日子达70天以上,而且还出现过40℃以上的高温天气。而这个"火炉"之称正好也彰显了武汉人性格爆辣、风风火火的一面;譬如这里一天有四季,早上上班的时候可以穿着春秋季毛衣外套,中午午餐时就能热得让你回到夏天穿短袖,到了晚上睡觉时,老天突然就能再次变脸,完全是让你过冬的节奏。所以,根据我十年的大武汉生活经验,我一般不会傻到换季的时候就把上一季的衣服洗掉,而是俨然胸有成竹坐等一天四季的到来;譬如这里一旦遇上梅雨季节可以来武汉"看海"。到武汉"看海",绝对是别有韵味和一番情趣。因为在"海"中,你可以看见一座偌大的水上之城,你还可以看见满城的人在"海"中划着各式各样的"船",行色匆匆,烦躁不安却又笑意满盈,景象颇为奇特;又譬如这里的武汉方言,只要你坐公交车,你总能听见武汉最具特色的"老子信了你的邪""你黑我""你莫跟老子翻""老子呼你两哈的"等骂人的方言。随便就能看见某些武汉人一口唾沫横飞空中,划了个优美的弧线,然后凄惨地跌落在满城烟土的街道……

十年荏苒,爱恨交加。在大武汉历经冷暖沧桑的我曾经放出豪言:"大武汉,下辈子我再也不要留在这里。"因为如果当初不选择留在武汉,我将会有更多更好的人生发展机会;如果当初不嫁到武汉,我会去一个有海的城市,傍海而居,面向大海,春暖花开,一辈子优雅美丽地生活。但世界上没有如果,一切都是命中注定。注定了,在某年的某时某刻,你会以各种理由来到这座城，又各种巧合地遇见一个人，然后注定留在这座曾经又爱又恨，曾经又不爱不恨的城。大武汉，我还有半辈子的光阴要在这里度过。届时的你，彼时的我，还能如往昔一般吗？

# 明星们的童年

每个人都有属于自己的童年。每当六一儿童节，人们总是不由自主地回忆童年。很多人对那些明星的童年很好奇，其实，他们的童年与常人一样，充满了喜乐忧愁。所不同的是，他们年少时对待失败和挫折的态度，要比常人更坚忍、顽强。而正是这些异于常人之处，才造就了他们。

现在，就让我们来看看那些明星不为人知的童年故事吧。

林丹小时候又瘦又小，也非常好动。父母曾花了两个月工资给他买了一台电子琴，可林丹根本静不下心坐不住。但在羽毛球训练场上，林丹却很沉得住气。因为那是他喜欢做的事情，也是他最感兴趣的事情。刚训练时，他韧带没拉开，腿压不下去，教练帮他压，回家后还要流着眼泪让妈妈继续帮他压。妈妈劝他别压了，他还非压不可。可以看出，林丹对于自己喜欢做的事情非常执拗。但正是这份执着与坚持，才成就今天的"超级丹"。

姚明小时候则和刘翔、林丹截然不同。他是个乖孩子，刚开始他一点也不喜欢篮球，只是因为父母要他练习篮球。因为他的父母都是篮球运动员，也希望他能打篮球。刚进体校的时候，训练非常艰苦。姚明还因为身材结构不合理和平衡性不太好受到了不少嘲笑，但姚爸爸每天坚持不懈地陪儿子练习投篮，只要姚明投中一定数量的球，他就给姚明买一件小礼物。

在父母的支持鼓励下，姚明终于走向成功。

刘翔小时候非常顽皮淘气，无论在哪里都像一匹脱缰的野马，他走路都是跑着走的，刹都刹不住。父亲对刘翔非常严格，所以在刘翔的记忆中，自己就是在父亲的批评和打骂中成长起来的。但每次打完之后，父亲都会给他讲道理，告诉他错在哪里，并要他保证以后不再犯同样的错误。所以有人笑称刘翔是被"打"出来的"飞人"。

也许大家都不知道，郭晶晶其实小时候很怕水。因为她小时候曾被海水呛过，从此就怕水。不过郭晶晶很要强，她硬是给自己报了游泳班，学会了游泳。对于跳水，其实她的先天条件并不好，外突的膝盖骨会影响空中造型的美感，只有通过强行压腿才能纠正。于是，每天晚上，郭爸爸就坐在郭晶晶的膝盖上帮她压腿，这样一直坚持了两年多。正是这种顽强的性格，成就了现在的"跳水皇后"。

"池塘边的榕树下，知了在叽叽喳喳叫个不停……就这么好奇，就这么幻想，这么孤单的童年，一天又一天，一年又一年，盼望长大的童年……"儿童节，听着《童年》这首歌，在这个有着特殊意义的节日里，童年那无数美好的记忆如流水般涌来，让人感慨万千。一个人，不管是普通老百姓还是每天生活在光环之下的明星，只要你具备克服困难、执着向上的精神，并能选定自己的人生目标为之努力奋斗，我相信，任何梦想都将不再只是梦想！

# 梦中的油纸伞

一直以来，我都与常人不同。我最喜欢的，不是春天里那百花齐放的姹紫嫣红，而是老屋墙角里的那抹悄悄冒出来的新绿。它没有任何装点，不加任何修饰，不浓妆艳抹，是一种纯粹的自然。于蓝天白云下，任意舒展。

而到了梅雨季节，我便开始幻想，开始诗情画意，开始让自己安静在时间的沙漏里，放下浮躁的心，与花儿相衬，与晨露轻语，独自走在戴望舒水墨般江南水乡意境的《雨巷》里，如那个丁香般的姑娘，撑着美丽的油纸伞，闻着幽幽荷香，拥着清风，和上雨巷的节奏，流连在这绿意葱茏的江南，默默彷徨，相信某年某月的某个夏天，一定会有美丽的遇见。

也巧，学校要举办迎新晚会，我有表演节目，其中一个节目是给老师伴舞的。我和舞伴就创意地想用油纸伞作为舞蹈道具。于是，就想着去哪里买油纸伞。可是，去了好多地方，都没有找到我想要的那种油纸伞。因为我所处之地，毕竟不是江南水乡，想要买到雨巷里的油纸伞，有点难。

坐在车上，思绪万千，又想起戴望舒的《雨巷》，想起那丁香般的姑娘，想起诗歌里长长的雨巷。想到家乡那个古老的小县城，想起县城里那些大大小小、曲曲直直的巷子。仿佛我，少女的心思倾泻无余……

日子如同溪水一般静静地流过，洒下了笑声，却也匆匆而过。匆匆中，仿佛油纸伞被风吹起，刮向远方。远方如同一张空空的白纸，没有底色，没有点缀……显得那般苍白和生硬，一切消逝。也许，消逝的不只是天空和油纸伞。而那个雨巷中的女孩，平静得不带一丝抱怨，雨巷深处的那颗明珠般纯净的心飘过来，飘上她的肩头，飘作一段情怀。她的长裙子柔软地垂在草地上，缓缓地绽放……那个雨巷里的女孩，她有丁香一般的芬芳，丁香一般的花蕾，丁香一般的心！

　　每次读戴望舒的《雨巷》，总被它感动。我是个心思很细腻的女人，便不免呆呆地神思一番。朦胧中那渲染着雨巷气息的是一把油纸伞吧？总在想，没有它的话，雨巷中就该少了那份雾里看花般的神韵。想起它，便若看到一位充满灵气的江南女子，手中擎着的，是一把撑开若荷状细致淡雅的油纸伞。油纸伞，总和这样的江南美景，总和这样古朴幽雅的深深的雨巷有关，总和多愁善感，忧伤满怀的离别情绪有关，总和这样妩媚柔情，风情万种的女子有关。

　　油纸伞大都是象征爱情的。白娘子趁着西子湖畔的小雨为许仙送伞；祝英台送梁山伯下山，想必包裹中总藏着一把油纸伞。油纸伞自然、清新、纯净，一如山间的野百合，默默地、静静地开放，甚至能嗅得见它身上长存的清淡的气息。油纸伞即如此，自然把人也净化成如此。这古典唯美的爱情传奇就此定格。

　　春去夏来，微笑走在夏天的每一处迷人的风景里，等待着那把浪漫满怀、温馨满屋的油纸伞，去感受它的柳媚花明和别样风情。如今，那美丽精致的油纸伞已经不再。于是各种红的绿的、大的小的伞，便占据了好雨知时节的春天；而伞下也逐渐少了善良美丽的人们，多了不知深浅的人们。伞在随着社会不断地演化，油纸伞却渐渐地被遗忘一边，不知被封冻于哪个难以找寻的角落……

　　随着光阴的味道渐渐渲染，我真想采撷一片浅蓝，于碧波琼楼之上，

去追寻那些散落在人世间的过往云烟。或许，某年某月某天，那个他，早为我准备好了一把油纸伞，淡淡的粉红。为我撑开油纸伞，为我换上一身柔软丝质的旗袍，拉着我的小手，牵着我踏上西子湖畔……

# 生命，因劳动而美丽

当我们走进生机盎然、绚丽多姿的五月，便迎来了劳动的最好时节。

这是一个挥洒汗水、播种希望的季节，也是一个属于全世界劳动人民共同拥有的节日。如今社会发展了，人们生活富有了，五一国际劳动节便渐渐演变成了一个休息娱乐的假日，很少再有人去思考劳动的意义。然而，当一个人来到了这个世界，便注定要通过劳动来融入这个社会。生命，因劳动而美丽。劳动，是人生永恒的主题。

从古到今，人们通过劳动实现了一个又一个梦想。是劳动，使片片荒山变成了亩亩良田；是劳动，使幢幢高楼拔地而起；是劳动，筑就了错综复杂的现代化公路；是劳动，让一个个美丽的小村庄装扮了偌大的地球；是劳动，创造了人类文明与世界历史。假如没有劳动，人类可能还在荒芜野蛮中艰难跋涉；假如没有劳动，人类可能还在无知与落后中徘徊失落；假如没有劳动，人类千千万万个家庭就无法幸福安乐……人的劳动是生产力中最活跃的因素，有了劳动才有了生产力的不断发展，人民的生活水平才能不断提高。劳动的历史就是一部人类的发展史和文明史。

记得小时候唱的儿歌，"太阳光金亮亮，雄鸡唱三唱，花儿醒来了，鸟儿忙梳妆。小喜鹊造新房，小蜜蜂采蜜忙，幸福的生活从哪里来，要靠

劳动来创造……"于是，在我幼小的心灵里，从小就被灌输了幸福的生活只能靠劳动来创造的思想。一个人对于知识的获取，才能的增强，素质的提高，阅历的丰厚，财富的丰盈，都是通过诚实的劳动获得的。人的一生其实就是一个辛勤劳动、不断积累的过程。人，只有在劳动中度过的人生才是最完整的人生，人生因劳动而精彩，生命因劳动而美丽。

劳动人民是伟大的。劳动者用一滴滴苦涩的汗水，洗去了旧日的满目沧桑；劳动者用勤劳的双手日复一日、年复一年地描绘出乡野的丰收景象和城市的大气壮美，描绘出人们的灿烂微笑以及国家的繁荣富强。我们的祖先早已把辛勤的劳动注入炎黄子孙的每一个细胞，并代代相传，成为中华民族的传统美德。劳动人民在血与火的劳动体味和感悟中，与时俱进，不断地赋予劳动新的意义，升华劳动的价值。

劳动对于人来说，就是阳光和空气，不可缺少。人若脱离劳动，身体变会变得懒惰随性，思想便会变得飘忽不定。还会容易滋生游手好闲、庸碌无为，乃至醉生梦死、放浪形骸的不良作风。所以，劳动是我们每个人的良师益友。劳动给人以吃苦耐劳、艰苦奋斗的优秀品质；劳动给人以顽强斗志，坚忍不拔的毅力；劳动给人以锐意进取、昂扬向上的奋斗精神。

劳动，是最光荣的。劳动改变了人类，改变了世界。世间万物的生命，因劳动而美丽。让我们在这珍贵的生命旅程里，虚心学习、努力拼搏，用劳动来书写人生美好的未来，创造更加美丽绚烂的明天！

# 银碗里盛雪，月白天青——初见雪小禅

　　作为一个热爱写作的文艺青年，多年的文学生涯中，总有几位能触动我灵魂的作家栖居于心。在那么多的才子佳人中，我特别喜爱林徽因和雪小禅。她们都才情四溢，格调雅致。林徽因文字里的人间四月天，如一朵清莲，盛开在人们温暖流淌的心间，美得让人如此沉醉。可惜佳人已逝，只能在她留存的影像里缅怀独有她的经世流年。而与雪小禅的初见，是在美丽的武汉江城，是在即将盛夏的娓娓黄昏，是在孕育了无数文学大师，文学底蕴深厚的武汉大学珞珈山庄。那是一场银碗里盛雪，月白天青、繁花不惊的文学视听盛宴，那是一次"在薄情的世界里深情地活着"的文学解读，那是一次令人难以释怀的人生若只如初见！

　　雪小禅，人如其名，如雪风情，禅意格调。雪小禅的文字似江南女子，轻薄如烟、温婉隽秀、妖娆曼妙，淡然的惆怅在字里行间美得沁人心骨。没有见过雪小禅本人的时候，只是在她的一本本充满书香气息的精美书籍里见过她的文字和照片，只知道她是知名的文化学者，只知道她是中国戏曲学院教授，只知道她的作品《裴艳玲传》与《那莲那禅那光阴》均入围第六届"鲁迅文学奖"，只知道她的作品曾获第一届"孙犁文学奖"、第六届"老舍散文奖"、第十一届"河北文艺振兴奖"、全国短篇小说佳作奖。

甚至只知道她是信佛的，喜欢朴素淡雅的禅意格调。而那次与她的人生初见，让我看见了在她的世界里，永远都是齐耳短发乌黑亮丽，永远都是一副青边眼镜挂鼻，永远都是清汤挂面不施粉黛，永远都是素手纤纤兰花美指，永远都是美目神采奕奕，顾盼生辉，永远都是一袭素衣飘摇自在，永远都是温情拂面照亮人间……

　　喜爱读雪小禅的最美微刊，在她的最美微刊里，有耐人寻味的老故事，还有一去不复返的旧光阴，更有穿梭于凡间、忙碌于生计的低温女子。我日日品读着她的文学思想，她的禅意格调，她的如雪风情，她的与众不同，她的生长于野、安于世间，她的银碗盛雪、繁花不惊，她在生活与写作里的修行。突然，我也仿佛如她一般，怀着一颗朴素的心去关照日常生活里的柴米油盐酱醋茶，用精神上的青春明亮去照亮人生中的灰暗；如她一般，当如水的心境至禅处，叩中生活中的熹微心事，让宇宙里的万物生灵无声飞渡；如她一般，让一字暖人心，让一寸似光阴，让人生必然途经的却因现实而流失掉的宽厚、静贞、简朴从世界一一重归于我心；如她一般，在薄情的世界里深情地活着，哪管尘世喧嚣烦恼，只用问心无愧、清凉自在。

　　有人说雪小禅是清高孤傲的，特立独行的。她从不主动和陌生人搭话，也不和不熟悉的人交流，总是一副天高任我行的清冷高姿态，我行我素，一个人独吃，一个人独行。而在我看来，她有着天后王菲的不食人间烟火的高冷气质，又似乎是那个《欢乐颂》里为了保护自己不愿与陌生人交流，只活在自己世界里的高知美女安迪，更独具"舞神"杨丽萍般纯净柔美、灵慧通透、温婉感性的民族气息。正是这些与常人看起来似乎有些格格不入的表象，让许多不了解她的人对她避而远之。而她任由凡人俗胎在喧嚣的尘世里沉沦起伏，也不愿苟且将就自己的余生。她就是她，她就是雪小禅，独一无二的雪小禅。她不会为了任何人的猜疑而改变自我风格，更不会为了社会的无端非议而改变温柔初心。当我初见雪小禅时，虽然是在正式严谨的文学讲座上，但隔着长长的光阴，我仍然能感受到雪小禅温和如水的气息与明媚动人的笑容。在我看来，那不是清高孤傲，那只是独属于她一个人的格调，她的雅致，她的情态。她独特的雪氏意境跟雪氏文风，独到的艺术思维方式和真实的生活体验，造就了摇曳生姿的文学大师雪小禅。雪小禅老师是温和的，柔美的，对文学的态度又是一丝不苟的，对文学的底线也是坚持原则的，亦如她坚持的佛学与禅意。

雪小禅老师为我们讲述了她的写作历程。从她温润如玉的口吻里，向我们娓娓道来的是她的写作人生。我仿佛在她的齿缝间看见了她如流水般的写作光阴。每个人的成功都不是一蹴而就的，即使是写作天赋过人的雪小禅。她在十五岁时就已经以青春美文出名，十五岁到二十岁是她的写作疯狂期，成为青春文学当红领军人物。二十岁到二十五岁处于她的人生写作低潮期，那时候的她几乎已经不写作了，而是实至名归的白富美，揣着一个永远都不会饿肚子的清闲铁饭碗，嫁给了家境富裕、门当户对的高考状元，成了状元夫人，一度荣耀之至。从此的她，再无须拼搏奋斗，只管做好她的豪门少奶奶。无须再去与文字较劲儿，挣着那点与她的家境比起来毫不起眼的稿费。她每天只需吃好喝好睡好玩好，看看书，做做美容，享乐小资情调人生足矣。这五年，她度过了人生最轻松休闲的时光，日日享受着她的幸福光阴。然而，在一次与少年时代纯美文写作系一同出名的姐妹相聚时，才得知这位姐妹已经因写作而被保送上大学，最后通过自己的努力留学哈佛并最终留校任教，成为世界一流大学的教师，人人艳羡，世人惊叹。这件事震撼了雪小禅，同是当年出道，为何别人已经努力奋斗到世界的最高级学府，而她还在自己的小城市里乐此不疲地享受着铁饭碗的少奶奶人生？人生的价值在哪？人生的意义又在哪儿？于是，灵魂被深刻震撼到的雪小禅猛然醒悟，毅然重拾五年未碰的笔尖，开始疯狂写作，从此不笔耕不辍，直至如今已然中年却仍似青春少女的最美年华。

　　雪小禅老师说，写作需要天分。一般的作者会写文，能在报纸杂志上发表一些文章，那充其量也只能叫写手。作为一个有天分的作者，我们不能只要求自己做一名写手，而是要让自己成为一名写作者。所谓写作者，是用心写作，是心无旁骛，是一意孤行，而不是为了写作而写作，为了生活而写作。那样的写作烟火味太重，世俗感太强，会让人内心感觉悲凉。真正的写作需要内心丰盈，需要阳光满怀，需要大量行走。闭关自守做井底之蛙肯定是写不出好文章的。写作，就应该走遍大江南北，看透风土人情，写尽人间沧桑，写出人世间的悲欢离合和世态炎凉。如果只是活在虚构的世界里闭门造车，那写出来的文字必然不能打动人心，那是枯萎的、没有思想的，不能鲜活地跃然于纸上的。只有内心真正丰盈，写出来的作品才能情感饱满，真正深入人们的灵魂。

　　雪小禅老师说，最好的作家应该是杂家，例如她所崇拜的作家沈从文。沈从文二十世纪二十年代起蜚声文坛，与诗人徐志摩、散文家周作人、杂文家鲁迅齐名。代表作《边城》《长河》《中国古代服饰研究》，他写的《边城》和《湘行散记》完全可以媲美诺贝尔文学奖作品。沈从文老师不仅是著名的作家，还是历史学家、考古学家。而雪小禅老师写得一手好文章，练得一手好书法，做得一手好菜，更是唱得一嗓子好京剧。她对传统文化、戏曲、艺术、美术、书法、收藏、音乐均有自己独到的审美与研究，是实至名归的作家、戏曲家、画家、书法家。所谓的大家，即是如此。

　　雪小禅老师，正如您所崇尚的，写作是一场心灵的修行，生活是最高尚的梦想。和您在美丽的武汉大学珞珈山庄的人生初见，让我每个想起您的夜里久久无法释怀。您是情感世界里的尤物，您是文学空间中的宠儿，您是一块蕴含自然禅意之美的无瑕之玉。如佛学里所说，凡事必有因果，你我能在尘世里翩然相见，那便是前世修来的缘分。生活就是磨炼自己的心性，写作便是心灵的修行。在这场心灵的修行里，我们内心丰盈，打磨的是漫漫的光阴和流年，却臆想着还能与您再见，亦如您一般温润如玉，如您一般在薄情的世界里深情地活着，如您一般"可素琴白马纵横四海，可心怀广宇爱人及人，可花间续写缠绵"……

# 人生如茶，千古信阳

都说人生如茶，苦中带香。也许是懒散得太久，遂与茶结缘。名茶纷纭，而我独喜柔嫩细腻的信阳毛尖。

每逢夜后，静思陪明月，安静的我习惯沏上一杯信阳毛尖，看着那晶莹剔透、碧绿如葱的叶子如同小精灵般在杯中翻滚、上下沉浮，恰似北风中漫天婆娑的落叶，在热水的催化下慢慢舒展开来，沉淀杯底。清淡的茶色如万里长空，轻盈中点缀些许诗意。一股扑鼻而来的香味，让人总是在微苦微甜中感知自己的思绪。于是，一份淡定与幸福开始在心底弥漫，灵魂也在淡淡的茶香中生动起来。

极美的信阳山水，孕育了"绿茶之王"——信阳毛尖。它是那样的新鲜，像清晨拂过眼角的第一缕阳光，恬淡、幽雅、温和、娟秀、清香浓郁、弥漫温暖。千百年一脉相承的手工制茶工艺，造就了信阳毛尖的无与伦比。信阳毛尖以原料细嫩、制工精巧、形美、香高、味长而闻名，具有"细、圆、光、直、多白毫、香高、味浓、汤色绿"的独特风格。它外形细秀匀直，色泽翠绿，白毫显露有苗锋。内质汤色嫩绿、鲜亮，香气高爽，叶底嫩绿明亮、细嫩、匀齐。能生津解渴、清心明目、提神醒脑、去腻消食等，受到了各国参展客商的盛情赞誉，并被授予世界茶叶金质奖章。

信阳茶已有两千多年的悠久历史。据传说，信阳毛尖一开始种在鸡公山上，叫"口唇茶"。这种茶沏上开水后，从升起的雾气中会出现九个仙女，一个接一个飘飘飞去。品尝起来，满口清香、浑身舒畅，能医治疾病。关于信阳茶，早在唐代茶圣陆羽所著的《茶经》中就把此茶列为当时的名茶，信阳所产茶叶自唐代开始便成为贡茶。宋代大文豪苏轼的"淮南茶，信阳第一"更是奠定了信阳毛尖的千古地位。

如今的信阳，依山傍水，遍地是茶。年产数十万吨的信阳毛尖，让信阳人着实富了起来。最为壮观的是每逢采茶期，家家炊烟早起，采茶姑娘如同仙女下凡，一手挎篮，一手采茶，那修长的手在茶树上飞舞着。茶山上不时传来欢快的笑声。细嫩的叶芽被采摘下来后，经过一番加工，就会变成深绿色的细长条形的毛尖茶。每家的男人则将自家炒制好的茶叶送向市场，外地客商云涌而至，各自挑选着喜欢的茶叶。每年茶乡，清明至谷雨，上演着一幕幕繁忙而幸福的茶农收获故事。

茶蕴灵性，信阳茶中有禅意。信阳毛尖，或袭了山的灵气，或沾了水的清纯，都使茶脱却尘俗，尽展纯洁淡泊之态。试想，喝了蕴含天地精华之茶，不也能让我们世俗的心中增添几许超然的灵气吗？茶的升降浮沉，恰如世事；茶的由浓而淡，恰似人情。禅需静心，生活就得平心静气。用感觉沏茶，用静心悟禅，用淡泊名利之心来面对生活。"龙潭汲泉煮春茗，一壶毛尖百愁消。"飘逸雅致的韵味便会给人带来澄净平淡的心情，散化心中的郁闷。悠然间，浮躁与俗妄一点点消失，清逸与隽永却一缕一缕地从纤尘不染的心田流出，把茶临风，宠辱皆忘。

品信阳茶，仿佛一阵和雅春风吹进心灵，是一种享受，是一种情怀。在炉香烟袅之时，细酌慢品，在淡雅与宁静中感动，在超然与洒脱中飞扬。泡一杯星光掩映的春色，茶在杯里水煎火煮，在苦难中涅槃。和着茶香，诉说着不为人知的寂寥。杯盏的边缘，流淌出华丽而又细腻的忧伤。与茶

对视，春山如簇，层层叠叠；此时捧起，雾色弥漫，影影绰绰，如水墨写意，似烟锁寒江，迷醉着人生中不断明亮又黯然的希望……偶抬头，窗外旧枝吐新绿，满眼林木叠翠，行云流水，明心见性，顿觉春意渐浓处，灵苗初动。

喜欢信阳毛尖，喜欢那份从容与安静，喜欢那份君子之交的淡然之情。每次轻捻一缕茶叶，捧茶在手，清香依旧，味道如故。看着渐渐舒展身形的一芽一叶，心中总是涌起难言的感动。忽然惊觉，喜欢茶，无关任何。今夜月华如水，坐对信阳，穿过夜空我的手指，那汪洋的月色，祥和地照在醇厚温实的紫砂壶面上。夜半醒来，月至中天，思绪不觉回到了三月的江南。茶树漫山，杂花遍地，晨钟暮鼓，烟雨斜阳。置身翠山绿水，静听燕语虫唱。洗却尘嚣，回归本真，平静的心灵感受着信阳茶香里的那份温润、那份从容、那份宁静，铅华尽褪，清静淡美，天地悠然。

茶为国饮，茶香浸千古，醉美在信阳。在这夜深似水、清绝寂寞的季节，诸如此人，诸如彼物，滚滚红尘，碌碌苍生。这片茶香跨越了千山万水，一路颠簸，一路情意，不着一字。在纷繁喧嚣的世事中，让我们把纯净的心灵变成一壶信阳毛尖，曼妙茶香，月色紫砂，久久凝眸，包容百味，吐故纳新，把自己沉入芬芳馥郁的远古……

# 千年之后的"主角"

"梅兰竹菊"四大雅物中，如果说到我最喜欢的，必定是诗词歌赋和画作中的竹。它清高纯朴的气质，清丽脱俗的风韵，清幽雅致的意境，节骨乃坚，宁折不弯。它四季翠绿，不与群芳争艳，无心品自端，启人深味，发人深省。

古今中外，多少诗家词人为它倾洒墨汁千回赞叹。"雨洗娟娟净，风吹细细香"无不彰显它的纯正色香；"风摧体歪根犹正，雪压腰枝志更坚"更衬托了它坚忍顽强的意志；"始怜幽竹山窗下，不改清阴待我归"又让它别有一番情调风韵。宋代大诗人苏东坡有句名言："宁可食无肉，不可居无竹。"但整日与竹为邻的他，恐怕怎么也想不到，千年之后，那些高雅的竹子竟然可以加工成纺织、服装用纤维，成为"棉花"的替代品。

记得好几年前，母亲从大型超市买回来大大小小一沓毛巾，红黄绿蓝各色都有，说是最新上市的稀罕物。我埋怨母亲怎么不买纯棉的毛巾，她笑盈盈地对我说："丫头，你真是不识货。这种毛巾可非一般之物，它是用竹纤维做的，可比纯棉的毛巾贵多了。现在很多人都开始用竹纤维毛巾，不信你摸摸柔不柔软，是不是比纯棉的更舒服？"我半信半疑，用手摸摸，还真不假。这些毛巾如蚕丝般光滑，鹅绒般柔软，手感犹如婴儿肌肤。

母亲说，这是特环保的东西，具有极高的杀菌和保健功能。我惊讶地睁大了眼睛，母亲看我似懂非懂，非要演示给我看。于是，她从茶几下拿出平日的抹布，向我索来酱油，然后分别向抹布和一块竹纤维小方巾上倒一些，告诉我："拿清水洗洗看。"果不其然，那抹布上的污渍费了好大劲，用洗洁精揉洗才算洗了去；而那竹纤维小方巾，只需在清水中一浸，然后提出来一拧，又干干净净，光洁如新了。这一幕让我大为惊叹，原来这竹纤维还有"自滤"功能，无论沾染什么脏东西，只需在清水中一泡，就能将污浊褪去。这样看来，竹纤维的确是一种稀罕物。我笑着感谢母亲，拿着那沓稀罕物爱不释手。

所谓竹纤维，就是从自然生长的竹子中提取出的一种纤维素纤维，是继棉、麻、毛、丝之后的第五大天然纤维。竹纤维具有良好的透气性、瞬间吸水性、较强的耐磨性和良好的染色性，又具有天然抗菌、除螨、防臭、吸湿、防霉、透气和改善肤质、深层去污、舒缓肌肤、抗紫外线等功能。

相比其他纺织纤维，竹纤维优势更加明显。首先，它原料成本低廉、不会对环境产生污染。其次，它的性能优异。竹纤维的柔软程度超过棉花，具备天然色泽，手感类似丝绸或者开司米。竹纤维在抗菌性、透气性、凉爽性、悬垂性、吸湿性、反弹性、耐磨性等方面具有更多优势，且染色性能优良、光泽亮丽。在纺织工艺上，竹纤维可采用环锭纺、转杯纺、喷气纺等方法加工，既可纯纺，也可与棉、天丝、莫代尔、麻、丝、涤纶等纤维进行不同配比的混纺，基本上解决了可纺性问题，可广泛应用于内衣裤、衬衫、运动装和婴儿服装，也是制作夏季各种时装及床单、被褥、毛巾、浴巾等的理想原料。最后，竹纤维市场的接受基础较好。近年来人们的绿色环保意识越来越强，保健要求不断提高，在内衣、家纺消费领域，消费者对化纤产品的信任度呈下降趋势。很多人认为，化纤类服装不利于人体健康，不利于环境保护，应尽可能穿全棉、丝绸、薄羊毛等天然性质的纤维织物。因此国内生产企业加快竹纤维的开发步伐，是具备市场需求条件的。

竹纤维技术最早起源于美国和日本，但受到资源局限，并没有大规模产业化。2000年左右，国内开始研究，并于2002年进入产业化阶段，其产品是通过黏胶工艺加工生产的，这种工艺原来用于棉浆黏胶纤维的加工，生产工艺相对成熟。用竹黏胶纤维纺织或与其他纤维混纺，可以生产出手感极其柔软的纺织品。现在市面上看到的许多竹纤维衬衫、针织品、床单、袜子等就是竹黏胶纤维纺织品或竹黏胶纤维与其他纤维混纺、交织的纺织品。

竹纤维产业的发展，不但能解决棉纺织业成本不断上升以及与粮争地的问题，也将对中国的纺织业格局产生重大影响。随着人口增长、人均纤维消费量的增加，全球纤维的需求量越来越大。当前各国开始重视生态环境尤其是森林资源的保护，减少了木材的砍伐量。于是，具有天然、绿色、环保特性的竹纤维，已经成为纺织行业的新宠。

由此可见，竹纤维产业具有巨大潜力，但由于竹纤维处于产业发展前期，很多问题有待解决。首先，原料生产工艺仍须改进。目前采用的黏胶工艺需要消耗大量的水，在生产过程中存在一定的污染。尤其是制浆过程中有大量的黑色工业废水排出，造成环境污染。其次，不断寻找原料和产品的最佳结合点。目前，国内在竹纤维终端产品开发能力上还非常欠缺，主要集中在床上用品、毛巾、袜子等领域，低水平重复现象比较严重。相比其他纺织品而言，其产品不够丰富，可选余地少，虽然利润较高，但市场份额还微不足道。所以，终端品牌在加大市场推广力度的同时，还须加大研发方面的投入。在织造过程中，由于竹纤维易吸湿、湿伸长大以及塑性变形大的特点，极易脆断。成衣制造中100%的竹纤维还没有很好地解决缩水性问题，手感与悬垂性也有待改善。

现在，竹纤维已经融入人们的生活，越来越被消费者所喜爱。千年之后，竹纤维无疑会成为最佳"主角"。而自清自净、自高自洁、虚怀若谷亦无争的我，在经历了城市的繁华喧嚣之后，也经常会驱车前往城郊的那片竹林，一个人静怡穿行。当风吹过竹林，竹香沁人心脾，竹林里一片清脆鸟鸣、潺潺水声。风儿拂起青青竹叶，起伏如海的竹林，景色煞是醉人。"羁鸟恋旧林，池鱼思故渊"，我想，诗人陶渊明《归田园居》里描写的大抵就是这样的世外仙境。于是，我便捧一卷书，恣意坐在林间，舒展身姿，品茗赏竹，看那翠绿怡然、袅袅婷婷的竹子伸向天际……

# 当你深深爱上一座城
## ——"洋雷锋"加力布在武汉的美丽生活

初次见到加力布，是在一个夏日的傍晚。天空中虽有几分燥热，但雨后的武汉在夕阳的映衬下却别有一番风情。这个皮肤黝黑、被国务院副总理刘延东誉为中孟两国"友好使者"和"经贸使者"的外国留学生，给人的印象温文儒雅、宽厚随和，有一种多年未见老朋友的亲切之感。

他是孟加拉的"高干子弟"。2002年9月受曾到中国留学的孟加拉国著名汉语言学家大伯影响，漂洋过海，不远万里来到武汉理工大学留学，13年如一日，从本科一直读到博士。他有着四年的义工经历；他每月的奖学金都捐给协和医院白血病患儿治病；除夕之夜，他冒着严寒从东湖救起一个轻生的武汉女孩……他被称为"洋雷锋"，列入湖北十大杰出志愿者，他是唯一获得武汉市"五四青年奖章"的外国人。13年异国他乡的生活，见证了加力布精彩多姿的人生。

一直认为孟加拉人是不苟言笑的，但加力布却是一个非常幽默风趣的人，他一口纯正的中文让我更加惊讶。他说他刚来武汉时还因为语言不通闹出了很多笑话。记得有一次去银行取钱，他错把银行认成"很行"，于是对朋友说要去"很行"。朋友没有听明白，他解释了半天也没能解释清

楚。直到他领着朋友走进银行大厅，朋友才明白他把"银行"认成了"很行"。从那时起，加力布就决定一定要把中文学好。现在他不仅会孟加拉语、印度语、巴基斯坦语、英语，还会说一口流利的中文。和他聊天的间隙，还能听他时不时蹦出几句地道的武汉话。"你搞么事？""走，一克去过早克？""你个棒棒的，你硬是心里没得数啊！"听得我哈哈大笑，也忍不住回敬他几句半生不熟的武汉话："冇得问题"。

加力布喜欢看书。他经常在图书馆一待就是一整天。他说，看书能让人心灵愉悦，陶冶情操，增长知识。来到武汉留学后，加力布开始喜欢上中国古典文学。中国古代四大名著《水浒传》《红楼梦》《三国演义》《西游记》他都看过，一开始看不懂就请教同学和老师，慢慢地自己就开始摸索、学习，现在他能用中文熟练地发短信和微信，看书读报，浏览全中文网页，在中国几千年文化历史长河里自由翱翔，亲身体会武汉楚文化的丰厚底蕴。

加力布酷爱游泳，在武汉这座火炉，游泳成了他避暑的最佳选择。他特别喜欢东湖，可东湖是不能游泳的。于是，加力布经常约着几个好友一块儿去长江边上游上一个来回，体验当年毛泽东遨游长江的豪迈。加力布还是学校研究生会的体育健将、羽毛球明星。他在武汉理工大学留学期间获得全校羽毛球比赛冠军。每天下午，都能在学校体育馆里看见加力布与羽毛球交织穿梭的身影，经常是一轮打下来，队友都气喘吁吁，加力布却斗志昂扬、游刃有余。

毫不夸张地说，九省通衢、魅力无限的武汉，就是加力布的第二故乡。他已经把自己的一切都融入了武汉，就连对武汉的小吃也情有独钟。他最喜欢吃武汉的热干面和麻辣火锅。每天早上他都会去学校的食堂吃碗热干面，有时候兴致来了会特意跑到司门口的户部巷，尝尝武汉的各色小吃。三鲜豆皮、湖汤粉、烧卖，各种烤串、周黑鸭都是加力布的最爱。我好奇地问他："加力布，你吃热干面不觉得干吗？"加力布风趣地回答："干吗？

热干面不就是大热天吃的干面吗？难道还有湿的吗？"逗得我捧腹大笑。我又问："你们孟加拉人都喜欢吃辣的吗？"加力布疑惑不解地反问："难道不是因为你们武汉人喜欢吃辣我才吃辣的吗？我这是入乡随俗啊！"倒把我听得一愣一愣的。

加力布十分喜欢武汉的风景名胜和淳朴的民风民情，他已经在武汉购置了一套住房。问他为什么选择在武汉购房，他说："因为我爱这个城市，想在这里成家立业。"而他最悠闲的事就是每晚散步走到武昌街道口，在夜色迷茫中深情凝望这座刚毅中带着几分柔美的城市。当谈到对女朋友的要求，加力布说，在他心中，女朋友应该是单纯善良、美丽大方的，应该是知书达理的，应该是懂得互相尊重、互相信任的。怀着美好的期望，我们也希望加力布在武汉能收获一份甜蜜的爱情。

现在的加力布已经完全武汉化，成为一个地地道道的武汉人了。问及他毕业后的打算，加力布深情地说："虽然是高干子弟，但我的父亲给我更多的是平民化教育。我毕业后希望留在武汉从事管理、市场营销、外贸等方面的工作。父亲则希望我能做一名孟中交流的使者。我还将继续致力于'一带一路'，为孟中经贸关系做咨询工作。如今，在武汉我感觉就像在自己的国家一样，丝毫没把自己当成外国人。武汉未来的发展空间很大，武汉的人民给了我很多，我想以行动回报他们。最重要的是，我来武汉13年了，我已经深深地爱上了这个美丽的城市。"

都说，因为爱上一个人，才会爱上一座城。当我认识了加力布这个孟加拉国来的正义善良、有着执着理想的帅气阳光小伙，我觉得，在这烈日炎炎的武汉之夏，因为爱上一座城，才会爱上更多人。

# 岁月静好，做一名淡香女子

或许是已过了做梦的年龄，就连现在买衣服也喜欢淡雅素净的暖色调。一直认为，好的时光是带着香气的，在这初夏的清晨，闻着花香，听着鸟鸣，低眉浅读诗书中的那份唯美，诠释出岁月的静好。在如此素白清简的岁月里，我什么都不去想，只愿倚一窗明媚的月色，让往事如幽香淡墨轻染，做一名人世间的淡香女子。

一直喜欢闲步在清风丽日的时光里，那湛蓝的天际，明净清澈、一览无余。看远山微翠，树枝摇曳，人的心情似乎也随着这透明的天突然好转起来。往事所覆盖的一片片阴霾，都将随着这里的天空而散去。注定，这美丽人间，它不会悄悄地走，也不会静静地来。而是带着满脸笑意，迎着春日和煦的阳光，大方、美丽、端庄而来。人的一切悲喜或欢颜，皆在时光中沉浮，让心慢慢归于平静，一切安然。

世间的人们，大都过着平淡的日子。平淡的日子，就是柴米油盐酱醋茶的人生交织，就是我们每个人的一日三餐，就是我们每个人的忙忙碌碌的工作，就是生活里的喜怒哀乐，一颦一笑，举手投足。然而，生活中总有一些人，不满足于现状，总觉得世界上所有的人都比自己过得好。没房的羡慕有房的，没车的羡慕有车的，没钱的羡慕有钱的。平凡人家的孩子

羡慕富贵子弟衣食无忧，一生下来就含着金钥匙。而富贵子弟又羡慕平凡人家的孩子快乐简单。人生就是这样，看着别人的幸福而为难自己，却不知自己也被别人羡慕着。俗话说，比上不足，比下有余。何苦自己为难自己呢？人生不过几十年，做喜欢的事情，过简单的生活，爱想爱的人，在回味中完美真实的感受，就是一种满足。人生，原本就是风尘中的沧海桑田，苦辣酸甜，一切皆顺其自然，不能强求。因为，人生的一切，皆是冥冥中自有注定。

看过人世沧桑与别离，面对苦乐人生，我能笑迎风雨，走过潮汐，不为世间的纷争而烦扰，不为物欲横流的社会所动摇，不因富贵平添奢华与浮躁，也不因贫寒徒增寂寞，只愿坚守自己的那一份信诺，用缤纷的眼光看世界，以平和的心态对人生，如春天里一抹鲜亮的新绿，做一个散发着淡淡清香的女子。

要想做一名淡香女子，要深信自己拥有了聪慧的心灵，拥有了优雅的品位，拥有了诗书般的修养，拥有了明媚的气质，拥有了惊人的胆识，还要拥有魅惑众生的魅力。有独立的人格，独立的思想境界，一种对生活对人生静静追寻的从容。那样的女子，便如水晶般剔透，能上得厅堂，也能下得厨房，还能在万卷诗书中寻找自己的历史芳华，携一份淡然与心的洒脱，行走于尘世间，淡品人生，淡看风云。静若清池，动如涟漪，由内而外，深入内心。

而如今的女人，每天都在忙忙碌碌中度过，快节奏的生活让女人有时也无暇顾及自己。其实闲暇时候，学会静享一个人的时光，即使是坐在窗前静静地看云，如此简单而已，也是何等的高雅、纯澈。这一刻，不再去念念纠结人世凡尘的爱恨情仇，盈一朵暖香在心间，即便刹那的温暖，已是永恒。女人们，应该做一个热爱生活的人，懂得爱自己，才会懂得爱别人。做一个慈悲为怀的善良女子，对生活充满热情，不要怨天尤人。只要努力，

总会循着晨曦的一米阳光，收获柔情的眼眸。

岁月静好，我愿做一个淡香女子，莲一样的女子。用蘸着春雨的笔墨，抒写人间的世态。即使做不到优雅韵致，也要把自己幻化成一种美丽，洒下暖暖的幸福，在静夜中绽放清新怡然的花朵，翘首企盼心爱的人从你的生命里经过。岁月静好，我愿做一个淡香女子，明媚的女子。倚着岁月，守着春花，在自己的心间播下爱的种子，生根发芽，娇娆出生命的美丽……

第四辑

亲情，盈一世暖香，就这样走过时光

# 三朵金花

我们家三姐妹，如三朵金花，被邻居称为"胡家三千金"。当时不明白那是真心夸奖还是阿谀奉承，但是却隐约知道，那是沾了父亲的光。父亲是一名乡镇企业家，我们三姐妹从小的优越感自不言说。而三姐妹中，姐姐娇艳妩媚，聪明机灵，坚强独立，沉稳谨慎。她从小品学兼优，德智体美劳全面发展，是父亲最器重，也抱着最大期望的一个女儿；妹妹时尚漂亮，热情大方，却天生一副大大咧咧、直来直去的牛脾气性子。她很容易满足，母亲为了节省开支，从小都让妹妹捡我和姐姐穿剩下的衣服。妹妹的成绩也一般，是父亲最不抱期望但也最疼爱的女儿；我则清秀婉约，温柔可人，柔弱胆小，天真善良，小时候一场大病让我体质一直很差，动不动受到委屈就哭成泪人儿，是父亲最不放心的女儿。正这三种不同的风格，展现了三种不一样的美！

俗话说，女大十八变。二十年后的胡家三姐妹，一切都改变了。

当初最被父亲器重，全年级第一的姐姐高考失利，只考上了一个二本。不愿意复读的她，通过在大学的努力毕业后在大学里当老师，谋得一份清闲稳定的工作，深居简出，不爱打扮。虽然已经完全没有了小时候声名大噪的风光，但做事果断独立、稳重敦厚的性格却深得领导、同事以及朋友

的喜欢。

而当初那个很容易满足的妹妹算是彻底蜕变了。她再也不愿意捡两个姐姐的衣服穿了，她知道爱美了，而且是最爱美的一个。她身材高挑，越长越漂亮，非常赶时髦，爱打扮。小时候成绩很差的她高考的时候出人意料考了个三本，父亲大为惊讶。而大学毕业后的她更让父亲惊讶，她通过天生的好口才谋得一份外语翻译的工作，专门给老外做翻译。书读得最少，钱却赚得最多。典型的厚积薄发型。

倒是从小父母最不放心的我，越长大性格越好强固执，这是出乎所有人意料的。我不满足于父亲安排好的一切，内心好强的我凭借那股子执着自考进了梦寐以求的大学，甚至报考研究生，逃离了父母为我安排好的安逸的生活，在外独自努力奋斗着。我从小喜爱文学创作，读书读到硕士的我坚毅地朝着自己的作家梦奋斗着。有过太多苦累和委屈，但是我认了，因为当初是我自己的选择。

我们三姐妹虽然性格迥异，风格截然相反，但是父母从小教育我们，不仅要有一颗宽容善良的心，还要好好学习，勤奋努力，长大做一个有用的人。姐妹之间也一定要团结友爱，要互帮互助，要像爱自己一样爱自己的姐妹。因为等他们百年归逝后，这世界上最亲的，只有自己最亲最爱的姐妹。我们三人从小谨记父母的教诲，从小到大，虽然免不了有磕磕碰碰，拌嘴甚至打闹，但是打过闹过之后，姐妹之间还是那样亲密无间，快乐欢笑。因为父母说过，姐妹之间没有隔夜的仇。血浓于水的亲情，是没有任何感情能相比拟的。

还记得我在省城里读大学时，平日里喜欢看书，闷头学习的我，一到放五一或者国庆小长假，就会买上一张去浙江的火车票，到姐姐家做客。说是做客，已经成家立业有孩子的姐姐哪会把我真当客人，姐姐是把我当最亲最亲的亲人。那天火车晚上3点才到，因为姐姐要哄孩子睡觉，还在

感冒的姐夫 3 点不到就起床到火车站接我。而等一切收拾妥当时已经凌晨 5 点了，坐火车坐累了的我直接倒头就呼呼大睡起来。一觉醒来已经中午，姐姐早已做好了饭菜等我吃。

在姐姐家的五一小长假里，姐姐每天都会想尽心思给我做好吃的饭菜，还怕我闷得慌陪我去逛街买漂亮的衣服鞋子，看电影，吃人生中第一次的肯德基、必胜客，体验什么是自助餐，带我去公园和附近的横店影视城、杭州西湖等景区游玩。那个小长假里，吃得好喝得好玩得爽睡得香，感觉整个人的精气神都好了不少。那时候我还是学生，生活费都得父母给。在姐姐家里，心疼妹妹的姐姐，自然是毫不吝惜地倾其所有。小长假一转眼就过去了，回学校的时候，买的是晚上 12 点的火车。姐姐非要抱着怀中的漂亮可爱的小外甥去火车站送我，我怕孩子在路上折腾生病，硬是没让姐姐去送。临走时，姐姐不仅给我的背包里塞满了各种好吃的食物和水果，还送了我好多浙江义乌的做工精美的小商品，还硬塞给我路费和零花钱。我推了几次都被姐姐想方设法塞到了我的荷包里。

"二妹，拿着。姐姐虽不是大富大贵，但这点零花钱还是给得起的。以后只要你想来姐姐家玩，只要打电话，我们随时欢迎。到了姐姐家就不要拘束，也不要替姐姐省钱。你现在还是学生，在姐姐家什么都不用管，只要在姐姐家玩得开心，姐姐也就开心了。钱放好啊，自己在火车上注意点，火车上小偷多。"姐姐临行前不忘谨慎地叮嘱我。

看着美丽善良的姐姐和可爱机灵的小外甥，突然眼里就涌出两行泪来。都说亲情是世界上最温暖的感情，的确如此。看得出来，姐姐也对我依依不舍，只是这种最真挚最亲切的感情，姐姐无法再用过多华丽的语言去表达。只是用那么温和的眼神看着我，我就已然明白这亲情里所包含的一切。

而姐夫冒着 37℃的高温，二话没说，提上我的行李，准时送到火车站……这些，我都深深地记在了心里。其实我又何尝不懂得，姐姐姐夫就

是一普通的大学老师，在浙江那个寸土寸金的地方，他们的那点事业单位的工资着实不高。而且他们有小孩，花费比较大，我去姐姐家完全就是在给他们添麻烦，但是姐姐和姐夫从来不说什么，不去计较什么，只是把我当他们最亲的亲人。

而我那从小调皮贪玩的妹妹自从考上大学后，也懂事长大了不少。有时候甚至我这个二姐还得这个妹妹来照顾。记得大学快毕业的那半年，我没有急着去跑各种招聘市场找工作，而是一头扎进学校的图书馆，开始了水深火热的考研生活，加入了茫茫的考研大军中。那半年，无疑是我这一生中最为艰苦最累的半年，除了上各种考研培训班外，自己从早到晚都是闷在学习里。凌晨五点，无论是酷暑爽秋，还是严冬腊月，都能在学校的小树林里看见我读书的身影，晚上十二点，我会偷偷地在被窝里打上手电筒背英语单词和政治。考研的岁月，是让人无法忘怀的。而最让我难以忘怀的是妹妹从她读书的大学里坐上几路公交车跑来看我，给我买了好多好吃的水果和零食。

"二姐，才多久没见，你怎么把自己搞成这样了？"妹妹找了几圈才找到在树林里读书的我，见到我的第一眼便惊讶地问道。

"我怎么了？"

"你不照照镜子看看自己，脸都瘦成什么样了，脸色那么差，白花花的，一点血色都没有。"

"我一直都很白啊。"

"你现在的白不是你原来的白。你原来是白里透红，现在呢，是惨白，好像大病初愈一样。"

"不会吧！"

"怎么不会？一看你就是营养不足。"

"我每天都按时吃饭啊。"

"你现在考研，每天的脑力强度很大，你自己要加强营养。要不然你还撑不到考试，就垮掉了。我给你买了苹果还有你平时喜欢吃的零食，好歹补一下啊。"

"三妹，谢谢你。"

"你啊，还是我姐姐呢，自己都不会照顾自己。"

"是啊，你看，现在姐姐还要妹妹来照顾了，哈哈哈……"

看见妹妹来看我，我的心情自然是非常高兴，于是放下书本，和妹妹尽情地畅聊起来。亲情，在那一刻，即使再微小的事情，也体现得淋漓尽致。

半年后，我的努力终于收获了胜利的果实，顺利考取了研究生。而这一切都得感谢我的父母和我的姐妹。是他们的支持才让我走到了今天，开始了我人生中的另一番天地。

读研后，我的生活多姿多彩，性格也变得开朗，再也不是那个害羞胆小的女孩子，自信、美丽、温柔、善良，才德兼备，逐渐成长为一名优秀的女研究生。那时候的妹妹，也大学毕业了，还没找到满意工作的妹妹毕业后没有地方可住，于是我让妹妹搬到我的研究生宿舍，和我一块儿住。

一次班里举行秋游，踏着迷人的秋色，我们准备去木兰天池。据说那是花木兰的故乡，我从没有去过，所以兴致很高，嘴里哼着歌，心里还在回忆那篇朗朗上口的《木兰辞》，就赶紧往集合地点走去。人都差不多到齐了，我急忙上车，找了个靠车窗的位置坐下。脚刚着地，脑袋就蒙了，我竟然忘记换鞋！看看全车的人，都是休闲运动系列，全副武装，怎么办呢？那里听说可是全部爬山啊！我这高跟鞋，哎！就算"脚功"再好，我想不等爬上一半那鞋子就会"报销"啊！

仔细想想，回去换是来不及的，更何况我这平常不爱运动的弱女子根本就没有给自己买过运动鞋啊。只差8分钟开车，我真是急死了。想起来了，我还有双平跟的白色舞蹈鞋啊，至少能让我登上山顶的。如果妹妹现

在能给我送过来就好了。于是不管三七二十一，给妹妹打了个电话。这时，就快开车了，我沮丧地想妹妹肯定是来不及给我送过来了，多希望司机能迟点开车啊！我在车上焦虑地等啊等，心里的希望已经渐渐没有了，因为司机说只有5分钟就准时开车。听见司机在发动引擎，我的心就凉了，心里想今天肯定一双脚要"报销"了！

突然，我看见一个熟悉的身影从车门外，确切地说，是从我的眼前闪过。那个身影太熟悉了，我飞奔到前座，真的是妹妹。她用小提袋装着我的小鞋子，让还在车门外清点人数的班长把鞋子给我。我还没有来得及叫妹妹一声，她就飞奔而去了。当班长把鞋子给我时，我的眼睛不知道怎么的，突然就湿润了。

我知道，之所以流泪，那不是做作，也不是一时的激动，那是来自一种天性的亲情的感动。后来问班长，才知道原来妹妹是骑自行车飞奔过来的！心里很酸，因为本来是要带妹妹一起去玩的，但是她第二天要参加职业资格考试，就没能和我一起去。妹妹很活泼，有她在的地方绝对不会没有笑声。那次我们院里的篮球赛，她可是个超级啦啦队，比她这个当宣传部部长的姐姐还叫得起劲。所以我们班上很多同学都很喜欢我这可爱漂亮的妹妹。

我可爱的妹妹，为了不让姐姐爬山辛苦，竟然能在那么短的时间里把鞋子送来，可想她当时是以何种速度冲刺的，为了我，竟然不顾自己的安全。真是个好妹妹。我不知道再用什么语言来表达我对她的感情和她对我的感情。虽然平时喜欢拌嘴，我也喜欢以一个姐姐的身份和态度在学习上批评她，有时也没有顾忌到她的感受。但是我们一会儿就好了，妹妹从不和我生气。

姐妹之间，感动的事情太多，我这些像孩子似的语言在博大的亲情下显得如此笨拙。我只想告诉世人，我有一个好姐姐和好妹妹。我的姐姐是

多么善良，多么重情意。我的妹妹虽然很小，但是她很懂事。所以，在无数个独自沉思和郁郁寡欢的日子，在我最孤苦无依，独自坐在湖边的小凳上黯然流泪的时候，一想到我的好姐妹，我便会擦干眼泪，心里豁然开朗。

这就是我，可以因为一件别人毫不在意的事情而感动得稀里哗啦，可以为了一朵正待开放的花蕾突然凋零而黯然失落，可以为了一只路上的小蚂蚁无法将一块大面包屑搬回家而神伤，可以为了林黛玉的一生凄凉而泪流满面……

如今的三朵金花都已披上嫁衣，并为人母。我深深懂得，这就是血浓于水的亲情。也许，世间的亲情就是这样朴实无华。所以，我们每一个人，都应该去珍惜身边的每一份感动。亲情的美丽和芳华，其实就在刹那间绽放……

# 教师家族

　　说起教师节，我想一定没有哪个家族能有我们家如此庞大的教师队伍。我们家自祖爷爷那代起就是秀才，爷爷也是个知识分子，到公社当会计，写得一手龙飞凤舞的毛笔字。到了爸爸那一代，文化大革命让从小成绩全校第一的父亲失去了读大学的机会，可爸爸硬是通过自己的努力奋斗成为一名优秀的建筑工程师、乡镇企业家。到了我们这一代，不知道是机缘巧合还是天意安排，我们家竟然出了六个教师。我姐姐和姐夫在浙江的一所大专当教师，我和我老公也在武汉的一所大学工作，我堂妹则在老家的小县城里当小学教师，堂妹夫则是中学教师。可以说，从小学到初中，到大学，所有的教师职业都被我们家族给包揽了。于是，邻居不无形象地称呼我们为"教师家族"。

　　对于这个称呼，我们也欣然接受，并且引以为豪。而我对教师这个职业也情有独钟。在我们的心里，一直觉得教师是一个崇高而光荣的职业。教师，是给人们"传业授道解惑"的灵魂工程师，是无怨无悔燃烧至尽的蜡烛，是培育祖国未来花朵的巧工能匠。教师这个职业，承担着中国教育的历史重任，也肩负着祖国未来的希望。当然，教师，还是人人羡慕的职业。不光是因为工作很稳定，最关键的是有寒暑假，那是任何一个单位都不可

能有的超长假期和莫大福利。有了寒暑假，就能有更多的时间陪伴孩子和家人，就能有更多的时间做自己想做的事情，还能来一场时间自由，说走就走的旅行。

而正因为有了寒暑假，我们这个庞大的"教师家族"才得以每年有很长的时间从天南海北赶回老家在一起聚会。所以每到放寒暑假，就是我们家里最热闹的时候。姐姐姐夫、我和老公都从外地赶回老家，堂妹和堂妹夫则尽地主之谊热情地招待我们。六个人的"教师家族"聚在一起滔滔不绝、谈天论地。我们把大城市新的教育理念传输给在老家的堂妹和堂妹夫。堂妹和堂妹夫则把老家相对传统闭塞的教育模式和教育方法说给我们听，我们一起探讨新的教育方法，摸索新的教育思路。也会说说各自在教育实践中遇到的困难和挫折，即将面对的新的挑战，以及在自己的教师生涯中与学生们在一起时的欢笑与泪水，憧憬与希冀……虽然我们各自的教育领域不一样，但是教育是相通的。我们可以激情澎湃、斗志昂扬地从小学教育探讨到初中教育，再到大学教育。似乎人生所有的教育阶段，都能在我们的交谈中变得欣欣向荣，英姿勃发，充满生机与希望。我们仿佛看见了祖国教育的未来，看见了祖国的希望之星正在冉冉升起。

"德高为师，身正为范。"从师范院校毕业的那一天起，就注定我们的一生与教师这个职业结下不解之缘。父亲也会在我们"教师家族"聚会的时候谆谆教导我们："老师是一个很光荣的职业，但是要想当一名优秀的老师也不容易。你们的担子不重，但是责任很大。当老师每天面对的是一张张渴望知识的面孔，你们就必须对他们负责，绝对不能误人子弟。我从来都没有想过你们长大后能当上教师，更没有想到你们找的伴侣也是教师。这不，我们家族一下子出了六个教师，队伍绝对庞大。当然，我也得感谢你们选择了教师这个职业。因为你们有了寒暑假，就能多回老家陪伴我们。我们已经老了，祖国的未来，就靠你们这批年轻人了。我希望你们能好好工作，不辜负国家对你们的悉心培养，也不辜负家长对你们的支持与信任。以后等你们为人父母，也要这样教导自己的子女。这样，才能对得起教师这个称谓。"

父亲的一席话让我们感慨颇深。如今我们都已为人父母。这么多年，我们也是按照父亲的话去践行为人师表的素养和品德。当我问女儿将来长大想要做什么时，女儿毫不犹豫地说要当一名和爸爸妈妈一样的教师。我不知道，我的女儿将来是否真的会选择教师这个职业，但是我相信，只要我们每一个人都勤奋学习，敬业工作，积极生活，即使不再选择这个职业，我们"教师家族"奋发努力、蓬勃向上的生活精神也将开遍祖国的每一个绚丽的角落！

# 笨笨的纯真

它眼睁睁地看着，

自己的孩子一只只被送走却又无可奈何。

当送走最后一只的时候，

我从它的眼里，看到了绝望、哀怨、凄楚和孤独，

这让我无所适从、愧疚不已……

笨笨，是我怀孕前家里养的一只小狮毛狗。它很普通，唯一让我记忆深刻的，就是它那白绒绒的小卷毛下深藏的两只黑溜溜的大眼睛，温和清澈，明亮有神。

但我怀孕后，为了肚里的小宝贝，笨笨就只能送人了。当我泪眼婆娑地将它送走，看着笨笨黑亮悲伤的眼神消失在我的视线。那种心情，就像嫁女儿般，依依不舍，内心深处所潜藏的爱心开始泛滥，如梨花带雨般。

记得第一次见到笨笨的时候，看它一副邋遢的样子，我打心眼里不喜欢它。我嫌它脏，嫌它笨，于是自作主张给它取名叫笨笨。我本来又是个有洁癖的人，当时特别讨厌笨笨，想把它送走。可老公天生喜欢小狗，对笨笨的感情特别深。我不好意思扫了他的兴，只能半迁半就地养着它。

有一次，老公出差一周。我除了管笨笨一日三餐，还得每天带它出去放风。于是，那段日子，遛狗便成了我生活里一个不情不愿的任务。但也正因为遛狗让我惊喜地发现，其实，笨笨不笨。

那是个明媚的春日，微风如涓涓细流，吹散在人们的心头。我牵着笨笨到校园的树林里散步。笨笨很调皮，到处乱窜，我得使劲才能拽住它。

突然，笨笨看见不远处有一只漂亮的棕色卷毛狗，它拔腿就跑，奋不顾身地往那只棕毛狗面前冲。一开始棕毛狗不搭理它，笨笨就采取主动进攻的策略，积极而勇敢地往棕毛狗身上蹭，还发出只有它们之间才能听懂的"语言"。棕毛狗见状使劲往前面跑，想逃脱笨笨异常热烈的"追求"，笨笨则紧追不舍。我不得不拽紧绳子使劲跟着笨笨跑，累得我气喘吁吁。

最终，笨笨锲而不舍的精神打动了棕毛狗，棕毛狗突然停下来不跑了，任由笨笨在它身上乱蹭。一股"暧昧"气息迅速在空气中弥漫开来，看到这景象，我忍俊不禁。

在这纯净的煦煦春光里，笨笨那执着的精神突然触动了我的内心。我突然发现自己并不是那么讨厌它了，反而开始对它刮目相看。

几个月后的一天，笨笨竟然怀孕了，生下了五只可爱的小狗崽，可爱至极。老公去花鸟市场给笨笨买了一个狗屋，放在家里的阳台上，里面铺上厚厚的棉絮，以保证笨笨"坐月子"不会被冻着。

这是笨笨的新家。笨笨带着它的孩子们住进新家后特别安静，再也不像原来那样闹腾了。每天都紧紧地守护在孩子们身旁，生怕被别人抢走似的。那种与生俱来的伟大母性之爱又一次让我从内心深处对笨笨生出敬意。

可是，因为小狗崽太多，随着它们一天天长大，家里能给它们的生活空间有限，最后只能把小狗崽送人。每送走一只，笨笨那忧郁的眼神就闪现在我面前，它眼睁睁地看着自己的孩子一只只被送走却又无可奈何。当送走最后一只的时候，我从它的眼里，看到了绝望、哀怨、凄楚和孤独。

就这样，笨笨在经历了它人生第一次做妈妈后又回到原点，孤独地和

我们生活在一起。直到我怀孕，就连笨笨自己，也逃脱不了被送走的命运。然而，笨笨和它孩子们美丽而忧伤的身影，一直都在我身边如影随形，让我无所适从、愧疚不已。即便有时我将这种感情隐藏得了无痕迹，但我心里明白，有时候，动物的感情比人的更纯真！

# 父亲的选择

"为什么会选择我？而不是大姐和三妹？"

那是一个大雨滂沱的夜晚，我伤心欲绝地对父亲大声质问。我们家三个女儿，没有男孩子，我在家中排行老二。

"孩子，你听我说……"父亲心急如焚，急着想向我解释。

"我不听，我不听，你就是偏心，只爱姐姐和妹妹，你让她们读大学。唯独我，只让我读中专师范。都怪你，当初不让我读高中考大学。害我只能在这个小县城待一辈子。我不甘心，我要参加全国成人高考，我要上大学。"我声嘶力竭地对父亲埋怨并表明了我坚定的态度，声音已经哭得沙哑。

"我都是为你好。你的性格不适合在外面生活。外面的世界是很精彩，可是压力也很大。你在外面肯定会受人欺负，会生活得很辛苦。我们在世的时候还能帮下你，等我们不在了，什么都得靠你自己。你何必去外面自讨苦吃呢？"父亲苦口婆心地对我说。

"你们才不是为我好呢，你们是怕老了没人养你们。为什么你们不留大姐和三妹在身边，为什么偏偏选择留我在身边？你们太自私了，只考虑你们自己，不考虑我的未来。以后大姐和三妹都能在大城市里光鲜地生活，而我就只能在这个小县城待一辈子。"我根本听不进父亲的话，反而变本

加厉地埋怨父亲。

"我们自私？如果我们自私就把你们三个都嫁到外面去，我们还省心不用管呢。把你留在身边就是我们自私？你这是一个女儿应该对父亲说的话吗？我和你妈都为你规划好了一切，你为什么不知道满足和感恩呢？"父亲眼中闪烁着愤怒，但还是想用他的人生道理开导我。

"我为什么要满足？我现在觉得自己的生活和工作没有任何意义。整天就围着一群小孩子转，即使我评上了优秀教师和优秀班主任又怎么样？我觉得自己的价值远不止于此。如果你们真为我着想，就应该让我去实现我的人生价值和理想。我不喜欢一辈子窝在这个小县城里只是当一个普通的小学教师。"我继续和父亲争辩，哭声渐渐平缓下来。

"当老师是多么令人羡慕的职业，别人想当老师都没机会，你还嫌它不能实现你的价值？一个女孩子，不要太好高骛远，好强的女人没有几个能幸福的，你知道吗？"父亲看我冥顽不灵，开始对我大声呵斥咆哮。

"哼，我知道，你们就是怕老了没人养你们，所以非要留一个女儿在身边。可是，你们为什么要选择我？我的学习成绩那么优秀，全年级第一名，老师们都说我准能考上大学，读中专师范是浪费了。三妹成绩那么差，你们都让她读大学，为什么就不让我读？就是你当初擅自做主害我没上成大学，你就是偏心，我恨你。"我坚持己见，话语咄咄逼人，丝毫没有要退让的意思。

"你，你……我们是怕老了没人养？行行行，你爱去哪里去哪里，你们三个都走得远远的，我和你妈不需要你们任何一个人养我们。你们自己过得好就行。"父亲被我气得扬起了手，只差一巴掌打过来。但是最终他忍住了，眼神里却充满了失望，语气突然变得平静起来，平静得让我开始有点害怕。

这时候，固执倔强的我已经听不进父亲的任何话语，只觉得是父亲耽

误了我的大好前程，扔下那句恨他的话就头也不回地跑出去了。外面的雨还是淅淅沥沥下个不停，密密麻麻的雨点敲打在窗上，清脆而响亮。

那一刻，我不知道父亲该是有多么伤心失望，多么痛心疾首。他倾注一生的心血培养出三个女儿，两个女儿读大学，一个当小学老师。所有亲戚和邻居都称赞父亲这辈子既是一位成功的企业家，也是一位成功的父亲，父亲也一直引以为豪。可是他从来不知道，自己在女儿眼里，竟然是一个如此自私的父亲。

之后的半年，我自己买书复习，参加当年的全国成人高考，倔强的我凭着自己的一股子倔劲儿竟然考上了华中师范大学成人本科，学习期为两年。当然，我也是想努力证明给父亲看，想用实际行动来证明父亲当初的选择是错误的。

我拿着大学里寄来的红色通知书在父亲面前炫耀，父亲面对我的执着已经无话可说，而我则像个孩子般高兴得手舞足蹈。我的大学梦，终于在我工作四年以后实现了。

报到入学的头一天晚上，父亲看我已经打包好的书本衣物，知道我去意已决，再怎么挽留也留不住我那颗想要去外面世界看看的好奇心了。他敲开我的房门，手里拿着两张长途汽车票，满眼温和地对我说："票拿好，明天我陪你去省城大学报到。你从未出过远门，一个人去我不放心。"

"没事，三妹不是也在省城读大学吗？我一下车她就会来接我的。"听到父亲的轻言细语，想到之前和父亲的争吵，我突然羞愧不已。

"她是会来接你，但是长途汽车不比火车，一个年轻女孩子路上不安全，我买的是两张票。今晚好好休息，明天我们早上十点去长途汽车站。"看着父亲对我态度的转变，我觉得自己当初对父亲说的话好残忍。

"嗯。"其实我也是心惊胆战的，一个人去省城还真有点害怕。但是之前和父亲闹成那样，我一直觉得父亲肯定对我失望透顶，不会陪我去。

"孩子，也许爸爸当初的选择真的错了。虽然你是女孩子，外表文静柔弱，但是你也很好强，骨子里有股坚毅的劲儿。爸爸不应该把自己的意愿强加到你的身上，把你一个人留在我们身边。你说得对，当初为什么偏偏留你在身边呢？其实这样对你不公平。你们三姐妹我应该公平对待。你们每个人都有实现理想的抱负和愿望，我不应该强行阻拦你去追求你想要的人生。不管你有多恨我，多埋怨我，认为我有多自私，爸爸在这里给你说声对不起。既然这个小县城容不下你的远大志向，那爸爸只能祝福你，希望你在外面的世界好好学习，好好工作，好好生活。不管外面的世界多么精彩，都不能迷失自己，更不能忘本。其实看见你，我有时候就仿佛看见了年轻的自己，好强执着，有自己的追求和理想，所以才有我今天的成功。只是你是女孩子，一直是生活在温室里的花朵，觉得必须好好保护你。没有考虑到现在社会进步了，发展了，女孩子也能像男孩子一样做出成功的事业。我和你妈啊，是太心疼你了，怕你在外面受委屈。孩子，不管你现在还怨不怨恨我，以后放寒假暑假了，就多回来看看，你妈会给你们做最爱吃的菜……"父亲突然哽咽了，怕我看见便悄然转过身去。

"爸爸，都是我不好，女儿不孝，对你说出那么大逆不道的话，您要原谅女儿。我知道你们其实是心疼我，小时候我生过一场大病，差点没命，身体一直很差。你们是想一辈子好好保护我，不容许任何人欺负我。可是，我真的很想读大学，很想去外面的世界看看。爸爸，您放心，我一放假就回来陪你们，你们自己在家要好好保重身体，女儿以后还要好好孝敬你们呢……"我使劲儿拉住父亲的手，眼泪也止不住像断了线的珠子哗啦啦掉了下来。

第二天，带着我远大的理想，我和父亲踏上了去省城的长途汽车。一路上，都是父女俩的欢声笑语……

两年后，本科毕业的我经过自己的努力又考上了硕士研究生，并最终留在了省城工作，结婚生子，过上了我当初所想要的生活，也觉得光宗耀祖了。可如今，在省城的我备感在外生活的艰辛和压力，以及当上母亲后肩上那份沉重的责任。外面的世界是很精彩，可是也有很多无奈。事情虽然已经过去了十一年，每每忆起当初和父亲的争吵，我都止不住心酸流泪。父亲的选择，包含了多么博大无私的父爱。父亲为女儿操劳的那颗心，是这个世界上没有人能替代的。我的父亲，虽然现在的您已经两鬓斑白，步履蹒跚，但您的光辉岁月永在，我会朝着您光明的指引，去实现我快乐而理想的人生！

# 这个冬天不太冷

初冬的武汉并没有往年那样寒冷，温暖和煦的阳光恣意柔情地洒在人们的笑脸上。中午下班回来，走到学校西门口的好吃一条街，看见不远处聚集了一群人。强烈的好奇心促使我加快脚步想一探究竟。好不容易挤进人群，哈，原来是炸爆米花的。

爆米花，是我童年一抹深刻而悠远的记忆！

我的家乡在一个山清水秀、空气怡人的小山城。那时候，山城里的大街小巷经常有开着拖拉机炸爆米花的。那是孩子们的欢乐世界。机器轰隆隆一响，院子里的老老小小，就捧着从自家田地里收获的金黄色玉米，三三两两地聚拢过来。他们用好奇而惊讶的眼神，等着玉米像魔术表演般变成香甜可口的爆米花。

我兴奋极了，从记忆中回过神来，仔细地打量着这位五十多岁的老人。他两鬓斑白，面带微笑，沧桑的脸上刻满岁月无情的痕迹。还是记忆中的那种车，还是那黄澄澄的玉米粒。

"嘭"，随着一声轰响，一拨金灿灿、香喷喷的爆米花呈现在我们眼前。可是，看热闹的多，买的人少。我心里暗自思度，难道是因为这爆米花没有电影院里的香吗？

虽然生意冷清，老人却也不慌不忙、不急不躁。他面带微笑，开始吆喝起来："爆米花，新鲜出炉的爆米花。来，大家先尝一尝我这手工炸出来的爆米花，不买没关系。"

哈，好家伙！老人的话刚落地，一些爱贪小便宜的人便争相抓着爆米花往嘴里塞。不一会儿，这刚炸出来的爆米花竟被吃掉一小半。我看着于心不忍，真想冲上前去把那些人狠狠教训一顿，但理智战胜了冲动。我决定静观其变。

尽管老人让大家免费品尝，卖的价格也很便宜，但生意依然清淡。

其实，现在已经很少人做这种传统的民间手艺活了。

夜幕即将降临。老人看见还没有卖完的爆米花，开始有点坐立不安。他又开始吆喝："爆米花，新鲜出炉的爆米花。买一袋送一袋！"这句话还挺管用。原本冷清的生意变得火热起来，剩下的爆米花十分钟内奇迹般地销售一空。

我的内心突然汹涌澎湃。当今社会，适者生存，优胜劣汰。老人缓慢的脚步显然已经跟不上时代的步伐。但他不计较个人利益得失，在这纷繁复杂的世界里，主动传承这种民间手艺，真是可悲可叹！

此刻，老人的第二拨爆米花出炉了。

一个六岁左右的孩子，从口袋里掏出钱要买爆米花，嘴里喃喃自语："一角、二角、五角、一块……"老人接钱的手刚伸到一半，看着眼前天真无邪的孩子，他的手突然在空中停住了。思考片刻，老人打消顾虑，颤巍巍地接过孩子手上一把零钞，然后十分热情地多拿了两袋爆米花，全都塞到孩子手里。孩子小小的怀里都快抱不住了，但脸上却笑开了花！

这个冬天不太冷，心头有股暖流涌过。我像个孩子般买走了老人剩下的所有爆米花。没有怜悯，只有心中浓浓的敬意。我拿出一颗放在嘴里，很香很甜，久久地回味着！

# 腊八粥里的流年

又到一年腊月初八，闲暇时去超市购物，看到货架上摆满了各式口味的八宝粥。看着这些八宝粥，突然想起小时候母亲为我们做腊八粥送给老师时的情景。刹那间仿佛打开了记忆的闸门，又回到了青春年少时。

记得那年我念初二。腊月初七的晚上，母亲就开始为熬腊八粥而忙碌。母亲拿来事先准备好的糯米、红豆、枣子、花生、莲子、桂圆等，我则在一旁帮着母亲洗米、泡果、剥皮、去核。准备工作就绪，母亲便开始煮粥，等粥煮熟后再用微火炖。第二天清晨，刚刚从床上爬起来的我看着一锅热气腾腾的甜粥新鲜出炉，忍不住舀了一碗，顾不上烫嘴就吃起来。一碗下肚，意犹未尽，于是又"呼啦啦"吃第二碗。

正吃得带劲儿，母亲来了。看着我狼吞虎咽的样子赶紧打断我："傻丫头，腊八粥熬好之后要先敬神祭祖才能吃。你怎么一个人先吃上了呢？"

"啊？我嘴馋都忘记规矩了，那怎么办呢？"我茫然而无辜地望着母亲。

"都吃了还能怎么办？不过，你可以将功补过。"母亲原本责备的眼神突然变得温和起来。

"将功补过？"我好奇地问母亲。

"如果把腊八粥送给穷苦的人吃，就是为自己积德增寿。你盛一碗腊

八粥去送人吧，这样就算将功补过了。"

"送人？好啊，可是送给谁呢？"

"这个你自己决定。你已经长大了，应该有自己的主见。"母亲说完就转身走出厨房忙别的事去了。

"对，送给我们的数学老师吃。听说他是穷苦人家出身，但他年轻帅气、博学多才，是我们班上好多女生崇拜的偶像。"主意打定，我便用保温盒盛了一碗腊八粥，用袋子装好放在书包里。胆小的我，不好意思当面把腊八粥送给老师，只能趁着同学们都还没来，一个人早早来到教室，以迅雷不及掩耳之势把腊八粥放在老师的讲桌上，然后羞答答地跑回座位……

事隔多年，隔着长长的光阴和似水流年，每每忆起那次送老师腊八粥的情景，心头仍是微微一颤。虽然记忆中的老师已模糊了面容，但透过那碗腊八粥，似乎能触摸到我青涩的心。记忆里最初时光里的懵懂情怀，亦如初春杨柳泛出的绿，闪烁着金色的光芒，美丽而动人！

# 我那美丽的傻母亲

母亲作为家里的长媳妇，当然希望自己的肚皮能争口气，生个带把儿的，为自己长点脸面。但天公不作美，偏偏赏给她三个女儿。然而，毕竟是自己身上掉下的肉，哪有不心疼之理。我们姐妹三人也从小不输男儿，从没给母亲丢过脸。母亲一提起我们三姐妹，眉眼之间流露的全部是浓浓的爱意。

母亲年轻时是个漂亮的"赤脚医生"，写得一手好字，撰得一手好文，还做得一手好菜，把家里打理得井井有条，在村里是出了名的能干女人。而且，听外婆说，母亲年轻时很聪明，学习成绩也特别好，还考上了县里的工农兵卫校。母亲天真地以为从此她的命运就将彻底改变，毕业后就能端上国家的铁饭碗。可家里没有任何关系背景的母亲，最终只能眼睁睁地看着这个多少人期盼一辈子的农转非读书指标在一夜中消失不见。村里人都为母亲扼腕叹息："哎，多聪明的女娃子啊，命咋就这么不好呢？"

但在我的印象里，母亲并不是个聪明的人。相反，我还一直觉得母亲很傻。傻得天真，傻得可爱。傻得让我骄傲自豪，傻得让我愧疚自责，傻得让我泪流满面。

记得每次新学期入学前学校都会发一张单子，要学生登记家庭资料，

148

而里面就有关于父母的工作一栏。我每次无比骄傲地在父亲那一栏填上公司总经理、民营企业家后，却在母亲那一栏卡住了。婚后的母亲，为了支持父亲的事业和安心照顾我们这三个丫头片子，辞职专心在家当起了全职母亲，甚至农忙时还得干自家地里的农活。别人都说母亲很傻，一个能干还读过书的女人，干吗就甘心在家"务农"当个家庭主妇，甘心让自己日复一日地变成黄脸婆。母亲什么也没说，只是一笑而过。而那些年轻时罩在母亲头上美丽的光环，随着岁月的流逝也在我们的记忆中渐渐泛黄。

于是，我碍于面子不愿意在母亲那一栏填上"务农"两字，于是写上"家庭主妇"四个字。爱慕虚荣的我，总觉得"家庭主妇"这四个字至少要比"务农"看着耐看，听着顺耳。满脸心虚地交上资料表后，小时候对母亲仅存的那一丝丝骄傲感也随着我的虚荣心渐长而变得模糊。殊不知在"家庭主妇"这四个字背后，承载了母亲多少的辛酸。年少不知感恩的我，却没能理解她的良苦用心。

如果说年少的不经事和爱慕虚荣让我亵渎了母亲对我的爱。那么，那一次深夜大雨里的急诊，让我终于明白了什么是可怜天下父母心。那时我八岁，已经上了小学二年级。我非常清楚地记得，那是一个夏天的晚上，下着瓢泼大雨，我突然发起了高烧。母亲用凉毛巾为我降温，却一直没有退下烧来。凌晨零点，吃了退烧药的我还是高烧不退，父亲又出差不在家，母亲急得像热锅上的蚂蚁。看着窗外的大雨，又看看躺在床上烧得迷迷糊糊的我，母亲安排好姐姐和妹妹睡觉，把门反锁好，背上我，穿上宽大厚实的雨衣和雨胶鞋，口袋里揣上一把钞票，就急匆匆向乡卫生所出发了。

去乡卫生所的路泥泞不堪，还有很多上坡和下坡路。雨越下越大，我趴在母亲的背上，躲在母亲厚实的雨衣里，自然是淋不到雨。但是母亲不仅要背着我，还得在坑坑洼洼的路上行走，雨大天黑，雨水渐渐模糊了母亲的视线。我安心地趴在母亲背上，双手紧紧地环住母亲的脖子，却摸到

母亲的脖子早已被顺沿儿下的雨水浸湿了。

"妈，你的脖子淋湿了。"我担心地对母亲说道。

"没事，夏天脖子进点水凉快些。你不要说话，紧紧抱住我的脖子就行。"母亲一边喘气一边对我说。

"好的。"我不再说话，高烧不退的我也已经无力说话了。

母亲深一脚浅一脚地走着，雨也丝毫没有要停的意思。从家里到乡卫生所，在晴好的白天，至少要走二十分钟。而像这样的下雨的晚上，没有四十分钟是走不到的。我能清晰地感觉到，母亲一路上不停地用背着我的双手把我的屁股往上抬，这一路走来是多么的不易。突然，在一个快要到乡卫生所的下坡路上，母亲脚下一滑，我还来不及思考是怎么回事，我和母亲就双双重重地摔倒在地上。由于正好是下坡路，我和母亲并没有因为摔倒而停止下来，而是顺着坡势直接往下滚，滚到了几米开外的马路边。我"哇"的一声便哭出声来，倒不是因为摔得有多疼，而是在那样风雨交加的夜晚，一种恐惧的心理油然而生。母亲从摔倒的地方赶紧爬起来把我抱起，安慰我别哭，不要害怕。而胆小的我，哭声却越来越大，在黑夜中格外响亮。迷迷糊糊之中，我仿佛看见了几个人影朝我们跑来……

后来听母亲说，我们在雨中摔倒后，我凄厉的哭声惊动了周围人家里的好心人，是他们把我们送到了乡卫生所，还给我们干净的衣服换上。而我在乡卫生所打了退烧针后，已经凌晨3点了。那时候，雨也已经停了，好心的医生派自己的助手用三轮车把我和母亲送了回去。第二天，我的高烧退了，母亲疲倦的脸上终于露出了笑容。但是我惊讶地发现，母亲的腿上和胳膊上都受了伤，贴着膏药。本来以为母亲摔一跤没事，那一刻我才知道，原来母亲摔下去的时候为了顾全我，死死地把我托住，自己却跌得满身是伤。

看着母亲身上的伤，我心里很难受。也就是在那个时候，我才真正明

白了母亲对我的爱，宽厚无私的爱，温柔博大的爱，为了孩子不惜牺牲一切的爱，宁愿自己受伤也要顾全孩子的爱。那种爱，是世界上任何一个母亲与生俱来的，不掺杂任何庸俗的物质色彩。而也正是从那以后，每次再开学填家庭登记表时，我没有丝毫犹豫，也不会再有任何虚荣心作祟，坦然地填上了"家庭主妇"四个字。

母亲很傻，傻到即使做出那么多的牺牲，却从来不为自己做任何辩解，而是一辈子辛辛苦苦任劳任怨。家里的老抽屉里，现在还能看见母亲年轻时获得的各种奖状以及崭新的记事本、钢笔，母亲一直精心地保存到现在。偶尔看见闲暇之余的母亲打开抽屉翻看自己曾经的荣誉，脸上闪过一丝苦涩，但那苦涩却是幸福的、满足的。

人生在世，很多事情不能两全其美，母亲深信自己的牺牲是值得的。现在的我也初为人母，而我的母亲，时光带走了她往日的年轻美丽，徒留沧桑残年。的确，天下最傻莫过母，我的母亲很傻，傻得天真，傻得可爱，傻得让我骄傲自豪，傻得让我愧疚自责，傻得让我泪流满面，但她在我心中，永远是最美丽、最勤劳、最伟大的母亲！

# 捧在手心里的粽香

又到了粽子飘香的季节，每逢佳节倍思亲，或许我该放下那颗在城市里整日忙忙碌碌的心，静静地在那个粽香飘溢的角落里重拾老家那久违的梦乡，闭上眼，回忆儿时关于端午节的一切，思绪万千，却温情满怀。

我其实不喜欢吃粽子，因为觉得粽子太腻，黏黏的，吃了又容易胀肚子，不像水果蔬菜那般明朗利落、清脆爽口。记得小时候每年的端午节，我几乎都不吃粽子，实在没办法，才会偶尔吃一个象征性地表示一下。但母亲不知道我不喜欢吃，总是一如既往地每年包很多很多粽子，以至于最后母亲一个人三顿饭都吃粽子才吃得完。那时候我就会劝母亲："妈，吃不完就送人呗，干吗要餐餐吃粽子，别把自己肚子吃坏了，这粽子又不值钱，把自己噎到了划不来。"母亲总会说："该送的我都已经送了，没事，我自己慢慢吃，我喜欢吃粽子。"每次想起这个情景，我就不禁眼眶湿润，母亲哪是喜欢吃粽子啊，明明就是节约，怕坏了扔掉可惜。但我没有明白母亲的苦心，不但否定她的劳动成果不愿意吃，还觉得扔了没什么。那是母亲辛辛苦苦包的，对我来说扔掉不重要，可是对母亲来说，扔掉粽子何尝不是等于扔掉她那片苦心？

如今，我已经身为人母，也从老家的小县城来到省会城市学习、工作、

定居、结婚生子，也已经独自在外度过了十二个端午节。因为不爱吃粽子，我几乎从来没有包过粽子，也没有买过粽子。即使朋友送了粽子，也因为不爱吃又送给了别人。端午节对我而言，只是一个传统节日而已。而且我也不记得自己已经有多久没和父母一起过过端午节了。

　　然而，昨天刚下班，就接到快递员的通知，说我有包裹到了，也没说是谁寄的。我一开始以为只是办公室的文件，没在意，最后取到包裹才发现，原来是父母从老家邮寄来的粽子。因为怕粽子在途中变质坏掉，还特意到真空包装市场进行了真空包装，而且是以最快的方式邮寄过来。回家后我打开粽子，发现母亲包的粽子还是和我小时候在家吃的一模一样，白粽子，里面放了一些绿豆。而不是现在市场里卖的五花八门、琳琅满目的各式粽子，把传统的绿豆白粽子都做得变了味。看见那些久违的绿豆白粽子，我突然仿佛回到了童年时代，看见了母亲坐在简陋的木凳子上，用双手熟练地拿起一张张绿油油的粽叶，然后用勺子舀上白米，撒上些许绿豆，用粽叶包好，裹成一个三角圆锥体，再用洗干净的绳子给粽子封口打结，最后绑在椅子的一角上的情景。等一脸盆的糯米包完，椅子上也挂满了几十个大大小小的绿油油的粽子，就像一把结了很多绿色果实的大伞，非常好看，也很亮眼。只一瞬间，儿时端午节的记忆碎片便汹涌而来。

　　看着母亲邮寄过来的粽子，我突然有点想吃粽子了。于是，我赶紧烧水煮粽子，还没煮熟，就已经老远地闻见粽子的清香了。待粽子煮熟，我迫不及待地打开粽子，这时候女儿过来也要吃粽子，我给女儿咬了一口，女儿高兴地对我说："妈妈，这粽子真好吃，是你包的吗？"我突然有点羞愧自己从来没有给女儿包过粽子，转而告诉女儿粽子是外婆包好邮寄过来的。女儿便急切地给我嘴巴里塞粽子："妈妈，外婆包的粽子真好吃，你也试试？我好想外婆，我想去外婆家看她。妈妈，你什么时候带我去外婆家呢？"瞬间，我被女儿的话震撼了，才四岁的女儿都能毫不吝惜地赞

扬母亲包的粽子好吃，可我从来没有当着母亲的面赞扬过她包的粽子好吃。连女儿都知道要去看外婆，想外婆了，而我这个当女儿的却只是一味以工作忙为理由没有想着回家去看看母亲。在女儿面前，我更加羞愧难当，哽咽着对女儿说："宝贝，快了，等你幼儿园放暑假，妈妈就带你去外婆家看外婆，到时你可以在外婆家玩一个多月呢，外婆家可好玩呢……"看着手里面还热乎乎的粽子，那捧在手心里的粽香也慢慢地在屋子里弥漫开来，而我却已经双眼湿润，再也无法释怀……

# 生命如歌，父爱如山

　　我们家三个女儿，没有男孩子。功成名就的父亲也希望自己有个儿子能继承他的今生所学，但天公不作美，偏偏赏给他三个女儿。父亲的内心是苦闷的，但是他对我们的爱却是无私的，并不会因为我们是女孩子而对我们的疼爱有半分削减。特别是当我们三姐妹从一个个不起眼的黄毛丫头出落成亭亭玉立的大姑娘时，他逢人就说："我家三个女儿成绩好着呢，考大学绝对没问题。我家那二丫头啊，都这么大了，还天天在我面前撒娇……"

　　对于我的父亲，我是发自内心的骄傲和自豪。父亲要不是因为"文化大革命"耽误了学业，他现在一定是个很有学识的人。奶奶从小就对我们说父亲的故事。说父亲的学习成绩如何优秀，家里的奖状多得都没地方贴；说父亲是多么的忠厚正直、自强不息而深得长辈认可。他没有因为学业的耽误而一蹶不振，而是奋发向上，自学高中课程，后又去南京大学自修土木工程，最终有了后来的成就。

　　而在我内心深处，触动我心底那根弦的，是父亲给了我第二次生命！

　　那是一次记忆犹新的亲身经历。

　　我那时读小学一年级。那年冬天，快过年了，记得那天爷爷家杀年猪，

我和几个姐妹放学后做完家庭作业，就怀着好奇的心情去看那些力气粗大、面孔和善的屠夫杀年猪。那天帮忙的人很多，我们这些小孩也喜欢凑热闹。但父亲不让靠近，我们只能远远地站在院子的某一个角落胆怯而又惊诧地看着院子中间的动静。正当我看得起劲时，突然觉得下腹一阵剧痛，痛得我坐也不是，站也不是，蹲着更不是。剧烈的疼痛让我忍不住大声哭出来，姐姐看我痛得厉害，赶紧叫来了父亲。父亲焦急地询问我到底怎么了，哪里疼。我那时已经疼得不知道如何回答了，剧烈的腹痛使我全身冒汗，额头上的汗珠啪嗒啪嗒地往下掉，模模糊糊中似乎所有的人都围在了我的身旁。

父亲看我的情况不妙，吓坏了。赶紧带着我和妈妈，骑上摩托车直奔县民族医院。当时我家住在城郊，骑摩托车只需要一刻钟，几乎没有耽误就诊时间。到了县民族医院，医生们为我急诊，最后确诊我是急性肠炎。于是，当天晚上医生就安排我住院治疗。

虽然不确切记得治疗的详细过程，但是治疗时的那种疼痛我却一辈子也无法忘记。印象最深的就是医生用一根很长的医用器械从我的肛门插入，疼得我哇哇大叫。那个医疗器械冰凉冰凉的，当它进入我的身体里面的时候，我只觉得全身发冷，再加上强烈的恐惧，我的哭声更大了。无论父亲用什么我平时最爱吃的零食都吸引不了我，我弱小的身躯被剧烈的疼痛折磨着。那一晚，我疼得睡不着，父亲也担心得睡不着。到了第二天，我的病情不但没有好转，而且还加重了。医生们顿时束手无策，院长明确告诉父亲，赶快转院。因为按照他们的诊断对我实施治疗并不见效。

眼看着自己的孩子被病痛折磨着，父亲心急如焚。于是，父亲第二天晚上把我转进县中心医院。这是县里最大的一所医院，医疗设备比较齐全。经过医生们的再次会诊，终于查出了病因，原来是急性阑尾炎。当时检查出来后医生就建议马上动手术，因为我的炎症已经到了后期，必须马上切

除阑尾，否则就有生命危险。医生还对父亲说，幸亏送我来医院及时，如果再迟送来一天的话早就没救了。父亲看了诊断结果后非常生气，因为那些医生的误诊差点让我有生命危险。生气归生气，理智的爸爸马上给我办理住院手续，为我忙前忙后。

第二天就要动手术，当父亲把我放在手术台后准备离开手术室，看到周围全是穿着白大褂、带着白手套的医生时我异常害怕，我不停地叫着："我怕，我怕！"父亲笑着哄我："乖女儿，别怕，一点都不疼，睡一觉就没事了啊！"医生们也露出和蔼的笑容安慰我："小姑娘别怕，待会儿好好睡一觉，等你醒来手术就做完了。"看着医生们亲切的笑容，我内心的恐惧顿时消失了。其实这时候医生们已经悄悄地给我打了麻药，我望着那些白色的玻璃灯，望着望着就睡着了。当我醒来的时候发现自己已经躺在医院的病房里，旁边坐着的是父亲母亲，还有姐姐妹妹、爷爷奶奶、叔叔婶婶们。从他们那布满血丝的眼睛我就知道，他们肯定为我担心了一夜……

之后听父亲说，当时手术后医生把发炎的阑尾给他看。我的阑尾已经化脓，并且足有一个拇指那么大，着实把父亲吓了一跳。手术后我一直在家里休养了半年，并且每天定时上医院打针，吃中药。记得医生对父亲说："这孩子真是可怜，屁股上、手臂上都是针眼，没地方扎了啊，扎哪儿呢？哎！"父亲心里难过，但他眼中依然闪烁着坚毅的光芒。他心疼我，也一直坚信我将是"大难不死必有后福"之人！

随着时间的推移，我的伤口终于愈合了，父亲脸上也露出了久违的笑容。想到从生病到做手术到痊愈，父亲为我倾注了多少心血。

生命如歌，我的父亲，您就是我生命里的大树。现在的我已经长大成人，也已为人母。而我的父亲，时光带走了他往日的辉煌。他再也不是往日那个在家乡企业界赫赫有名的建筑工程师了，他放在家中抽屉里满满的"省优秀企业家""优秀乡镇企业家""优秀共产党员""模范带头人""先进工

作者""优秀高级工程师"等证书已经开始泛黄。但我永远记得,当父亲和时间赛跑又努力给了我第二次生命的时候,他头上那突然增多的一丝丝银发……

# 小小的身体大大的爱

我自从当了妈，一切都围着孩子打转。半年产假一过，重新回到办公室上班的那天，同事都说我憔悴不堪，多了鱼尾纹，添了黑眼圈。不穿高跟鞋，不爱打扮，整个一家庭主妇。曾经那个热爱文学、喜欢浪漫、富有诗意的文学女青年在他们眼里不复存在，心高气傲的我听了这些话心里像流水般稀里哗啦的，委屈地偷偷躲进洗手间抹了好几把眼泪。

一天晚上，因为孩子的事情我和老公发生了激烈的争吵。

"老公，宝宝好像胃口不好，不愿意吃饭，我再哄她吃两口。你帮我把她的奶瓶洗一下好吗？"我一边给闹情绪耍脾气的孩子喂饭一边轻柔地对老公说。

老公正坐在沙发里玩他的手机游戏，心不在焉地回答："孩子不吃饭是因为她现在不饿，那你现在喂牛奶她也不会喝。"很明显，他没有起身去洗奶瓶的意思。

"洗奶瓶和喝不喝牛奶不冲突。你去洗一下，好吧！"我心里有点不悦。足足等了一分钟，他还是没有去洗奶瓶的意思，而是歪在沙发里继续他的手机游戏，嘴里时不时还激动地大叫几声，一副"走火入魔"的模样。

"我每天要管孩子的吃喝拉撒，让你帮忙洗个奶瓶你都不乐意。你这

种态度我将来还能指望你什么？"老公一副懒散的样子让我内心早已汹涌澎湃的无名之火爆发了。

"指望不上我？呵呵，你不指望我指望谁？男人在外面挣钱，女人就该在家安心管孩子，别一天到晚想着你那不着边际的文学梦，否则要你当妈干吗？"老公气得从沙发上跳起来怒吼。虽然我的话可能伤了他的自尊心，但他毫不示弱的反击也伤了我的自尊心。

天生敏感的我觉得委屈至极，眼眶逐渐湿润……

至此，一件鸡毛蒜皮的小事演变为激烈的争吵。吵架中的夫妻多半不理性，也不会意识到双方不经意的言语已经伤害到对方。其实那都是气话，不能当真，吵过之后也就没事了。

不承想，站在一旁的女儿竟然被我们的激烈争吵吓得哇哇大哭。我们这才意识到，家里不仅有我们两个人，还有刚刚一岁半的女儿坐在我眼前。我们只顾吵架，竟然忘记了瘦瘦小小的她的存在。

我感到深深的自责，抱起大声哭泣的女儿，躲进房间，关起门。

我把满脸泪痕的女儿放在床上，挨着瘦瘦小小的她坐着，眼泪却不争气地哗啦啦又流了下来。

女儿见我流眼泪，瘦瘦小小的她机灵乖巧，似乎已经懂得爸爸妈妈之间的不愉快。见我们没有再吵，她的哭声也戛然而止，嘴里直叫着："妈妈，妈妈，抱抱，抱抱！"并伸开小小的双手朝我怀里扑过来。

我无比心疼地看着女儿，一把接过女儿飞扑过来的双手，把她揽进怀抱，希望她没有被爸爸妈妈刚才激烈的争吵吓到。女儿睁着黑溜溜的眼睛，忽闪着她又长又密的睫毛，天真稚嫩地望着我。突然，她用温柔的小手抚摸我的脸，用她小小的手指头为我擦眼泪，嘴里轻轻地喊着："妈妈，妈妈！"我惊呆了！女儿才这么小，竟然懂得心疼妈妈、为妈妈擦眼泪、爱妈妈了！

我紧紧地拥住女儿，一股热流涌上心头，特别温暖。

　　都说女儿是妈妈的贴心小棉袄，果不其然！这小小的身体里竟是如此大大的爱！在女儿面前，我无比愧疚地深深埋下了头，把女儿拥得更紧了……

# 那一场惊心动魄的生死劫

那是我一生都无法忘怀的恐惧和痛。

就是那个明媚的春天，我的父亲为了我，差点就永远地离我而去。我仔细地搜寻着已经泛黄的回忆，时间定格在 2004 年的春天。

那天，父亲满怀着对我的期望亲自把我送到了省城大学里进修学习，为期两年。那个春日的阳光温暖和煦，心也像被太阳晒过一样暖烘烘的。父亲口袋里揣满了前一天刚从银行里取出来的厚厚一沓热乎乎的人民币，是用来给我交学费的。怕不够钱用，父亲还特地带了一张崭新的银行卡，里面存了几万元。由于提前到校，我们当天没有报名。于是，父亲给已经上大学的妹妹打电话，让她过来和我们一起吃饭。

我在父亲找好的宾馆里收拾东西，父亲怕妹妹待会儿找不到地方，于是下楼到宾馆门口的路边等。那天的父亲，精神焕发，西装革履，皮鞋擦得锃亮，一看就知道是有知识还不缺钱的老板。父亲年轻有为，靠着自己的努力最终收获成功，有了当时名噪一时的成就。如此让我感到骄傲和自豪的父亲，遇事能冷静处理、掌管着一百多号人的公司领导，我是绝对不会想到他能在那一刻遇上他人生中最惊心动魄的生死劫。

父亲只是如常人一般站在宾馆门口的路边等妹妹的到来。就是在等妹

162

妹的时候，一个陌生人瞄上了父亲，故意走过来和父亲搭讪。问父亲是哪里人，来省城做什么，在这里等谁？而身经百战的父亲竟然把自己的情况如实地交代给了一个完全陌生的人。事后父亲回忆，一定是那个陌生人给他下了迷药，不然一向小心谨慎的他不会如实交代的。陌生人显然心里一阵狂喜，觉得自己今天遇见财神了，哪个给女儿报名的父亲手里不会揣着学费？如果只是用迷药套父亲的话倒还不打紧，可怕的事情还在后头。

陌生人见"大鱼"即将到手，于是连逼带威胁，把父亲逼进了一条路边没人的巷子里。父亲的迷药已经慢慢清醒过来，他知道自己今天遇上小偷了。而这个小偷还不是一般的小偷，是个明目张胆的抢劫犯。父亲不会轻易就范，更不会轻易地把自己的血汗钱和女儿的学费拱手送给抢劫犯。于是骗小偷说钱没带身上。狡猾的小偷哪肯轻易放走父亲这条"大鱼"，正当父亲闭口不说的时候，他突然感觉到自己的后腰有一个硬邦邦的东西顶着。

"给我老实点，快点把钱都给我拿出来，否则一枪毙了你。"小偷威胁父亲。

父亲一辈子哪遭受过如此劫难，当时的他也确实是吓傻了。不管那个小偷手里拿的是真枪还是假枪，钱和生命比起来，当然是生命更重要。父亲吓得说不出话来，脸色煞白，只能乖乖地把口袋里所有的现金全部掏出来，一分不剩。父亲记得很清楚，那是准备给我第二天报名用的学费，一共是八千多元。小偷不甘心，还想再搜罗我父亲身上的其他财物。已经开始恢复平静的父亲想尽办法骗过小偷，宁愿把自己的手机给小偷，也最终保全了身上的那张银行卡。当时的父亲不为别的，只是想着明天的报名，女儿的学费不能丢，否则就错过了报名时间。

小偷在拿走父亲的手机后，终于没有再继续纠缠父亲，心满意足地带着鼓鼓囊囊的钱包乘出租车逃跑了。还没有缓过神来的父亲来不及追上去

看清出租车的车牌，小偷就已经消失在茫茫人海中了。

事后，父亲第一时间报了警。可是，报了警又有什么用？如今，十年过去了，小偷依然逍遥法外，不知道在世间祸害了多少善良无辜的人。而当父亲正在经历人生那场惊心动魄的生死劫的时候，妹妹因为在路边没有看见父亲便直接到宾馆找到了我。于是，我们一起在宾馆等父亲。

当心有余悸的父亲独自回到宾馆时，我看得出，父亲内心的恐惧还没有消失。刚刚的英勇表现只是为了保住女儿最后的学费故作的镇定。我无比心疼地给父亲泡了杯茶，让他压压惊，并且说了好多安慰的话，最后反倒是父亲假装若无其事地对我说："没事，钱没有了还可以再挣回来。能活着回来见到你们姐妹，就是我最高兴的事情。但是这个事情千万不要告诉你母亲，免得她担心。"

"嗯，知道了，爸爸。您要不好好休息一下？"我担心地问父亲。

"我没事了，其实我知道，那人手里肯定拿的是假手枪。所以爸爸肯定不会有事的。走，我们一块儿吃饭去，你们肯定肚子饿坏了，今天一定要吃顿好的，给你妹妹打点牙祭。"父亲仍然故作镇定，其实只是为了不让我和妹妹担心。

"好的，去吃顿好的，给爸爸压惊，去晦气。"妹妹赶紧安慰父亲。

于是，我和妹妹左边一个，右边一个，挽着父亲的胳膊，故作高高兴兴地找饭馆吃饭去了。

那晚，我始终不能入睡。我和妹妹，还有父亲又何尝不知道，那是多么大的一笔血汗钱，就这样一分不剩的没了，心里怎么会高兴得起来。而面对歹徒无比勇敢的父亲，又何尝不知道那或许就是一把真手枪，自己的命当时就悬在一根线上？或许只是老天和父亲开了个玩笑，但那场惊心动魄的生死劫，却让我内疚了一生。毕竟，父亲是因为送我去读书而遭遇歹徒的。幸好，命运没有捉弄我，还给了我一个完整的父亲，否则，我一辈子无论实现多么大的理想，没有了父亲，那些理想还能讲给谁听？做给谁看？

　　我的父亲，在因为我经历了人生的生死劫后，我对父亲的感情，不再只是血浓于水的亲情，还有对父亲英勇面对歹徒的那份敬佩与仰慕。父亲在我的心里，也显得更加伟岸，更加光明。而那场惊心动魄的生死劫，却成了我一生都无法忘怀的恐惧和痛！

# 让孩子做一个在快乐中实现理想的人

"池塘边的榕树上，知了在声声叫着夏天。草丛边的秋千上，只有蝴蝶停在上面。黑板上老师的粉笔还在拼命叽叽喳喳写个不停，等待着下课等待着放学等待游戏的童年……"童年，原本是美好快乐的。可现在的孩子，很难再找到歌词里所描绘的童年的感觉。天真烂漫、无忧无虑的童年对他们来说已经是一种奢望。特别是城市里的孩子，他们已经被名目繁多的各种作业、各类培训压得透不过气来。他们没有周末，他们的童年已经不叫童年。

我记得我小的时候，我国就已经提出了全面推行素质教育。可是直到现在，素质教育也没能全面实行，应试教育却愈演愈烈。每每看见身边同事的孩子那对于学习的无奈和对童年满怀期望的眼神，我就在思考，这难道就是适合中国国情的小学教育吗？电视剧《虎妈猫爸》就真实地反映了我国的小学教育现状。虽然有很多人评论电视剧里关于小学教育的情节过于夸张，可是我想说，其实并不夸张，因为现实生活中就有很多这样的家长和孩子。

有的孩子才上一年级，为了望子成龙，家长不惜花重金为孩子择校到

市里最好的小学。平时放学后除了做家庭作业，孩子还得做一堆课外辅导题。什么黄冈试卷啊，奥数辅导题啊，考前冲刺卷啊，名目繁多得让一个大人也应接不暇。还有的孩子不但周末两天都得去上课外培训班，平时周一到周五的晚上也不能放过，什么美术班、舞蹈班、合唱团、跆拳道、钢琴班、书画班、围棋班等，家长们几乎到了疯狂的地步。家长们送得累，陪得也累。可最累的还是孩子。因为他们年龄还太小，这样的童年对他们来说不叫童年，没有欢乐和美好，只有压力和疲惫。

于是，在这种教育模式下培养出来的孩子，要么完全适应了应试教育的模式，变成了一个按部就班的学习机器，最终被老师和家长训练成一个表面成功的人；要么走向另一个极端，形成叛逆的心理，长大后不但不会变成一个成功的人，还会变成一个心理不健康的人。或许小时候对孩子们严格要求长大能让他们走向成功，但是那种成功绝对是以牺牲孩子们欢乐纯真的童年为代价的。那样的成功难道值得提倡吗？

也许有人会反驳，这就是中国的国情，中国的特色教育。中国人口太多，社会竞争太大。如果从小不适应在这种压力的环境中成长，那么长大后必定经受不起各种挫折，必定成为一个失败的人。中国和国外的国情不一样，教育背景不一样，不应该老拿国外理想主义的教育方法来和中国现实主义的教育方法来比较。的确，中国人多，国外人少，中国的教育体制和医疗体制十分不健全，而国外的教育和医疗都是免费的。所以简单地拿国外的教育理念和国内的教育理念做比较，确实不太现实。但是，我想说的是，不管是国外的教育理念更加人性化，还是国内的教育理念符合中国国情，有一点是必须考虑到的，就是不管以何种教育理念作为孩子的培养途径，都不能以将来的社会竞争太激烈为借口非要强迫自己去培养一个成功的孩子，更不该以牺牲孩子的整个童年为代价。因为这个代价太大了。

家长应该明确的是，一个人的成功可以分为很多种，并不是非要孩子一直努力地读书，读到博士后，拿个高学历就算成功；也不是非得要自己开公司，自己创业，自己当老板才算成功；更不是非要把孩子培养成国家公务员当官才能光宗耀祖。我觉得，只要一个人，不管你的工作岗位是否体面，不管这个岗位是否能拿高工资，不管这个岗位有没有发展前景，只要你能够在自己的岗位上做出成绩，做到优秀，做到每一天都有进步，那就是成功的。成功并不一定非得用金钱和名利来衡量。只有在最平凡的岗位上做到最好，那才是真正的成功。

因此，为孩子们找回他们失去的快乐美好的童年，才是现实最重要的事情。那么等他们老的时候回忆起童年就不会为自己的童年而感到遗憾了。如何找回孩子真正的童年呢？其实很简单。就是不能把孩子单纯地培养成一个成功的人，而是要让孩子成长为一个在快乐中去实现理想的人。

作为小学教师，除了每天应有的家庭作业外，不应该再增加孩子们的作业，课堂上应该多培养孩子们丰富的想象力和创造力，让应试教育向素质教育慢慢靠拢。毕竟中国国情如此，不可能短时间内就能全面实施素质教育，那是一个长久的过程，是中国义务教育的长期目标。而作为家长，更不应该增加孩子太多的课业负担。只要结合孩子自身的特点，发挥所长，每天能掌握当天所学，可以融会贯通、学以致用即可。更不应该给孩子报太多课外补习班和特长班，把孩子压得喘不过气来。孩子那么稚嫩弱小的身体，哪里能承受得住如此之重？挑选两个孩子感兴趣的培训班给孩子陶冶情操、培养气质是无可厚非的，但是太多的话就只能说把孩子纯粹当一个机器了。这点我觉得那些疯狂地给孩子报培训班的家长们真的应该好好反思一下。

亲爱的家长们，多带孩子们去山村乡野，呼吸新鲜的空气吧；多带孩子锻炼身体，增强孩子们的抵抗力吧；多带孩子去游览祖国的大好河山，开阔孩子们的眼界吧……带孩子们去寻找记忆中的童年，找回他们所失去的纯真和美好。给孩子们一个属于自己的空间，激发他们的潜能，让他们充分发挥自己的想象力和创造力，做一个在快乐中去实现理想的人！

# 爱孩子更要懂孩子

每个孩子都是父母们的心头肉，总是含在嘴里怕化了，放在手里怕碎了。爱孩子，是每个父母的天性。如果说哪位父母不爱孩子，要么就是那孩子不是他亲生的，要么就是自己还是个孩子，何谈去爱比自己更小的孩子？然而，怎么爱孩子，如何爱孩子，却是每位父母一生都在探索思考的问题。

我觉得，爱孩子，不能仅仅停留在物质上的爱，还应该懂孩子。俗话说，孩子是三岁看到老。三岁的孩子差不多就能显现出他的性格和天赋了。孩子出生的时候都是一张白纸，最后培养成什么样的，教育成什么样的，都是父母一手铸就。所以，要想培养出优秀的孩子，就得好好爱孩子，懂孩子，抓住他们内心真正需要的东西，再对症下药，才能事半功倍。

所谓"懂"孩子，无非就是三点。第一，要"懂"她的身体变化。这就得看父母们是否细心带孩子了。孩子从肚子里蹦出来到牙牙学语和走路，每一个微笑和每一次长高，都是细心的父母记在心里的最美好的回忆。孩子的吃喝拉撒、衣食住行都关系到孩子的健康成长，从孩子的身体变化、语言以及行为来揣测孩子在向我们传递什么信息，从而给出正确的他们需要的答案。例如孩子有气无力、咳嗽，那么肯定是生病了，就必须上医院；

例如孩子不小心磕到了碰到了，父母该做的是鼓励他们应该勇敢坚强，而不是宠溺和娇惯；例如等孩子长到青春期了，直接告诉他们青春期男孩子和女孩子的身体变化，不用避讳什么。第二，要"懂"孩子的心理变化。每个孩子内心的世界都是多姿多彩又不可捉摸的，或许你认为孩子应该这样好，但是他们却并不觉得那样好，于是就非常抵抗大人们自以为是的安排和认为，甚至做出一些过激的行为以表示自己对父母的不满。例如孩子不喜欢学舞蹈或者钢琴，父母非逼着她学，久而久之，孩子不但没有学好舞蹈或者钢琴，半途而废，还浪费了家里的金钱；例如有的孩子自尊心很强，非常爱面子，那么在公众场合就不能随意批评她，指责她，否则她会更没自信心。孩子更多喜欢的是表扬和鼓励，得到表扬和鼓励多的孩子进步也明显快些。第三，就是要"懂"得培养孩子的创造力。为什么都说国内的孩子学业比国外的强，但是创造力却远远不及国外的孩子呢，当然是由于国内一贯的应试教育太过死板，太过枯燥，无形中便扼杀了孩子的想象力以及创造力。未来的世界是留给孩子们的，但是在这个科技高速发展的世界里，孩子们如果没有足够的创造力和丰富的想象力以及敏锐的思维能力，只是一味地按部就班，生搬硬套，那么未来将死气沉沉，毫无发展可言。爱孩子，就应该给他一个广阔的世界，让他自己去发现世界，感受世界，创造未来。

爱，是一种给予。爱孩子，更要懂孩子。作为父母，关于爱孩子，每个人给出的答案都是不一样的。因为世界上的每一个孩子都是不同的个体，因人而异，所以爱孩子的方式和方法当然会千奇百怪。但是无论什么样的爱的方式，最终的目的都是培养孩子做一个能力优秀、品行端正、内心纯良的合格的中国公民。那么，就请每一个父母，用最好的方法，最温柔的耐心，最适合自己孩子性格的方式去爱孩子，给他们一个快乐的童年和美好的未来，那才是孩子最幸福的一生！

# 父母偷点"懒"，能成就小大人

女儿今年三岁半，正是可爱调皮的时候。她长得伶俐乖巧，讨人喜欢。有时候嘴里不经意蹦出来的话，能让你笑掉大牙。为了培养她，我也是和中国千千万万的父母一样，花尽心思，所做一切，只是为了儿女将来的一片光明。

我本身不是一个喜爱偷懒之人，相反是有洁癖、特别勤快的那类人。可我发现，并非妈妈越勤快越好。有时候物极必反。妈妈越勤快，什么事情全部都包揽，那孩子还能学会什么呢？所以，父母偶尔偷点"懒"，却能成就一个小大人。说起来还挺有趣的。

记得那是女儿2岁多的时候，女儿一直都是在澡盆里盆浴。到了夏天，我嫌盆浴太麻烦，觉得淋浴既简单又方便还省时间，于是让女儿和我一起淋浴。一开始女儿极其不习惯站着洗澡，说喜欢在澡盆里冲泡泡，于是我就告诉女儿："宝贝，你知道妈妈为什么长这么高吗？"宝贝疑惑地看着我。"因为妈妈每天站着洗澡啊，站着洗澡就会长得高。"女儿听了恍然大悟，赶紧极其兴奋地告诉我："妈妈，以后我都要站着洗澡，要长妈妈那么高。"我赶紧趁热打铁，告诉女儿自己怎么往身上搓泡泡，还告诉女儿怎么闭着眼睛给头发打泡泡然后低头冲干净。这样持续和我站着淋浴一

周后，女儿基本上已经完全不用我帮忙能独立站着淋浴了。再之后，我把热水器调成恒温，保证不会一冷一热烫着她，就站在浴室门口盯着她自己洗澡，再之后，女儿竟然主动跟我说："妈妈，你把门关上，我自己已经会洗头洗澡了，不要看我哦，羞羞羞！"但我一般为了安全起见，都会给浴室铺上防滑垫，也会把门按照她的要求关好，却悄悄站在门外看着她洗。一般只规定 10 分钟洗完。从那以后，女儿洗澡再也不用我陪了。

女儿还有个不好的习惯，就是上楼梯喜欢让人抱，不喜欢自己爬楼梯。我们家住三楼，楼梯不多。每次下幼儿园回家走到楼梯门口就会自然而然地说："妈妈，你抱我上楼吧！"我决心改掉她这个不好的习惯，于是对她说："宝贝，妈妈今天肚子疼，不能抱你上楼梯，你自己走可以吗？"女儿望着我一脸委屈："可是我没力气啊！"我顺势推舟："那肯定是因为你在幼儿园不好好吃饭，所以才没力气，以后要好好吃饭。哎呀，妈妈肚子也疼得走不动了，怎么办呢？"我故意装作肚子疼，女儿见我似乎很疼的样子，连忙过来牵着我说："妈妈，你肚子疼那我不要你抱了。"我又乘胜追击："乖女儿，真是心疼妈妈，那妈妈以后上楼梯都牵着你走可以吗？"女儿连忙点头："可以的！"从那以后，女儿就自己上楼再也不要我抱了。哈哈，又给我省了一个力气活儿。

之后很多事情，我都沿用这个"偷懒"的办法，这样既锻炼了她的自理能力又为我节省了时间，一举两得。我还告诉孩子："你现在长大了，应该学会自己的事情自己做。"于是，宝贝现在才 3 岁半，却已经会自己穿衣服、穿裤子、鞋子、袜子，会自己洗头洗澡，会自己刷牙洗脸，会自己玩玩具看动画片不要妈妈陪，会自己拿个画画笔在书上涂上她最喜欢的天蓝色，会在我拖地的时候帮我扫垃圾，还会洗自己的小袜子拿到阳台上晾晒，即使洗不干净，但看着她那超级能干，然后撅着屁股跑到我面前邀功的小模样，我就会忍俊不禁。这不是活脱脱的一个小大人吗？相比周围

那些爷爷奶奶、外公外婆娇宠过度，8、9岁了还得老人帮着洗澡洗头的孩子们，女儿俨然是个自理能力超强的小大人。而成就女儿成为小大人的，正是因为我时不时地故意偷点"懒"。但我觉得，这个"懒"偷得特别值，难道不是吗？

# 华弟，你在天堂还好吗？

又到一年清明，荒草青青，却似黄昏，犹记得那时的春雨纷纷。我远在异乡，无法亲自到华弟的坟前给他挂上一盏青灯，看着城市里的灯红酒绿和繁杂喧嚣，倚窗而望，倒上一杯纯净的白开水，洒向远方的远方。只想轻轻地向天仰望："华弟，你在天堂还好吗？"

我知道，你只喜欢白开水，就如同你的短暂人生。

华弟不到六岁，就夭折了。

夭折那天，我目睹了他生前最后那张稚嫩而天真的脸和绝望害怕的眼神。每每忆起，心中不免伤痛和怜惜，还有一丝莫名的恐惧和懊悔。

华弟是我的堂弟，小名华华。华弟长着一个圆乎乎的大脑袋，圆乎乎的脸和圆乎乎的大眼睛。身体异常结实的他，聪明可爱，深得爷爷奶奶的喜欢。四岁之前，他的童年生活都是天真烂漫、快乐幸福的。

一个烈焰如火、蝉鸣声声的夏日午后，华弟家里哭声一片，敲锣打鼓、悲乐声声，屋里屋外裹着白头巾和手臂上戴着白布条的人进进出出忙碌着，好不热闹。

华弟不知道家里出了什么事，那时候的他，还太小。他只是看见他娘一开始躺在家里的水泥地上，后面被他爹和几个叔叔抬起来放进了一个偌

大的黑色木头做的箱子里。然后，箱子的盖子被实实地盖上。

他好奇地问爹："爹，为什么把娘装进大箱子里？"

他爹告诉他："因为你娘困了，想好好睡一觉。"

"那她什么时候睡醒？"

"等她睡好了自然就醒了。"

"哦！"

华弟似懂非懂。从那以后，华弟就再也没有见过他娘。他不知道出了什么事，他以为他娘一直在那个黑色的大木箱子里睡觉。听说，华弟的娘是中午在自家地上睡午觉睡死的。她有先天性心脏病。夏日虽热，但地心凉。当凉气侵入身体，直接诱发病因，睡中不觉而死。

从此，华弟成了没有娘的孩子。半年后，华弟的爹经人介绍又娶进了新老婆。自此，华弟有了后娘。乡里邻居都说这下华弟有福气了，有"娘"管了。华弟的后娘刚进门时的确对华弟好了一阵子，可日子不长久，一年后，华弟的后娘生下了自己的孩子，也是个儿子。那是华弟同父异母的亲兄弟，叫峰峰，长得挺俊的。华弟很喜欢这个胖嘟嘟的小弟弟，经常目不转睛地望着他，看着他笑，逗他玩。

时间过得飞快，转眼峰峰也一百天了。

堂叔家里很热闹，因为是峰峰的百日宴。亲戚朋友都来道贺，院子里摆了整整十桌，人们吃吃喝喝，喜庆欢天。华弟也欢快得如同一只脱缰的野马，和走亲戚来的其他小朋友们到处乱窜，玩得甚疯。天色渐晚，客人们逐渐散去。堂叔家里又恢复了平静。峰峰静静地睡在摇篮里，脸上还带着甜甜的笑意。华弟悄悄走近摇篮，看着可爱的弟弟，然后悄悄地在摇篮里放了一个东西，之后又悄悄地离开了。

"天哪，你这狠毒的小东西，你想害死你弟弟啊！可怜他才三个月啊，你怎么就这么心狠手辣？我要告诉你父亲，让他好好治治你。今天不治治

你我不叫你娘！"华弟从峰峰的摇篮边出去还没过十分钟，就听见堂婶在屋子里鬼哭狼嚎般大叫。大人们都以为他家出了什么事，父亲让我叫上奶奶，一同去堂婶家瞧瞧。大伙儿一进门，好家伙，堂婶已经揪着华弟的耳朵开打了。奶奶一把上前推开堂婶，把华弟拉到跟前，厉声质问堂婶，"出什么事了？"

"妈，不是我非要教训他，是他想害死弟弟。这样狠毒的哥哥，难道不该教训吗？"堂婶理直气壮、趾高气扬地大声和奶奶争辩。

"什么？华华要害死弟弟？这怎么可能？他自己都是个孩子，他怎么去害死弟弟？"奶奶不可能相信堂婶的话。

"那你们自己过来看看，这峰峰手里捏的是什么？"大家伙凑上去一看，峰峰手里正把玩着一颗透明的玻璃珠，脸上还笑盈盈地冲着大家笑。

"你们看看，峰峰这么小，他自己根本不会拿东西玩，更不会有机会去抓珠子玩。家里除了我和他爹外，就他一个人。而且这个珠子我认识，就是平时华华和小朋友一起玩的。平时还把这个珠子当宝贝似的，都不借给其他小朋友玩，今天怎么会无缘无故地在峰峰手里？这不是他放的是谁放的？"堂婶把所有证据都一一摆出来，力图指正想要害死峰峰的就是华弟。

被奶奶护在怀里的华弟已经哭不出声了，或者是被吓坏了。第一次见到这么多人来看热闹，来指责自己。奶奶还是觉得事有蹊跷，于是问华弟，"华华，告诉奶奶，这珠子是你放到弟弟手里的吗？"

"奶奶，珠子是我放的。可是，我，我，我没有想要害死弟弟，我喜欢弟弟，那珠子是我平时最喜欢的玩具，我是要送给弟弟做礼物的。今天大人们都给弟弟送礼物了，我没有钱买礼物，就把自己最心爱的玩具送给弟弟。奶奶，我怕，我怕……"

"哦，原来是这么回事。银莲，你都听到了吧，也只有你才会把一个

孩子想得那么狠毒。华华本是好心，只是不知道这个珠子对弟弟很危险。你好好教育一下就是，告诉他这是错的就行，干吗非要动不动就打？"

"妈，瞧您说的。反正什么事在您那里都不是个事儿。难道非得要等到弟弟不小心把珠子吞进去卡死了，那才叫事儿？真出事了，我看你们后悔都来不及。"堂姊一脸阴阳怪气，奶奶懒得和她再费不必要的口舌，转身准备就走。华弟一把抱住奶奶说，"奶奶，我要和你睡，我不要在家里睡，我害怕。"奶奶看着华华近乎恐惧的眼神，但不想让孩子有了挫折就去寻找依靠，于是告诉华弟，"华华，不怕，有奶奶和其他的大伯们在，谁也不敢欺负你。但是今天的事情以后千万不能再做了，知道吗？因为这样很危险。虽然你是想送弟弟礼物，可是弟弟还太小，他不懂，他误以为你给他的礼物是吃的，要是吃进嘴里卡住喉咙就糟了，那你这辈子都见不到你最喜欢的弟弟了，知道吗？"

"我知道了，奶奶，我以后再也不会了。奶奶，今天就让我和你睡吧，我想奶奶了。"华弟祈求奶奶。奶奶很坚毅地告诉华弟，"华华，遇到任何困难和挫折都要自己去克服，不要害怕，也不要逃避，更不要只想找个避风港。你已经是快六岁的大孩子了，要慢慢学会坚强，知道吗？你在家里安安心心地睡，没有人敢欺负你。"奶奶循循善诱，她知道，这孩子想要靠爹娘是靠不住的，只能靠自己。所以，聪明的奶奶想要华弟自己学会成长。

奶奶固然考虑得十分周全，也是为华弟好。可是有一点她忘记了，毕竟华弟还不到六岁，而且一年半前才死的亲妈。奶奶决绝地往回走，大家伙儿也都不好意思说什么，于是也都慢慢散去。待奶奶走出百米远，殊不知华弟突然伤心地大哭，追着跑过来找奶奶。嘴里大喊，"奶奶，奶奶，你等等我，我害怕，我怕……"奶奶听到华弟的哭声，转身一回头，看见华弟正跌跌撞撞地朝自己跑来。奶奶心一软，想起一年半前死去的华弟的亲妈，眼眶不禁也湿润起来。她正欲等在原地等华弟过来，突然，华弟脚

下一个趔趄，重重摔倒在地。

"华华，没摔疼。来，自己爬起来，快，奶奶在这等着你。"奶奶鼓励华弟自己站起来，可是几秒钟过去了，又一分钟过去了，华弟竟然趴在地上没反应，连哭都没哭一声。这时刚刚准备散去的大伯二伯赶紧跑过来把华弟扶起。这一扶不要紧，把伯伯们吓了一大跳。华弟已然失去知觉，闭着眼睛，也似乎没了呼吸。

奶奶见事情不妙，赶紧喊道，"快送医院。"于是众人急急忙忙把孩子抱起，坐上大伯的摩托车后座，争分夺秒，直往县城的医院里奔。我看着刚刚突然发生的一切惊呆不已，一切来得太快，夕阳还没落下，整个人却已经懵了。

那个晚上我一宿没睡好，辗转反侧、无法入眠。想着医院里的华弟怎么样了，还做了一连串的噩梦。第二天上学时老师讲的什么，我已全然不知。而且总有一种不祥的预感，惴惴不可终日。第二天下午放学回来，果然，医院传来噩耗，华弟不治身亡。

"不可能？只不过是摔了一跤？怎么就死了呢？怎么会就死了呢？"我始终想不明白，也始终不能接受这个事实。直到大伯二伯从医院把华弟早已冰冷的，裹着纯白色被单的小小尸体抬回家，我才不得不相信，华弟确实已经死了，而且是摔死的。

邻里乡亲们都很奇怪，说华弟的亲娘是睡死的，他是摔死的。不，医生说，华弟是遗传了他母亲的先天性心脏病。摔跤只是表象，真正致死的是他的先天性心脏病突发。

当堂叔堂姊和家里的亲戚们簇拥在华弟身边失声痛哭，再见华弟最后的遗颜时，我不敢凑上前去看华弟的脸，我怕看到他临走前那纯真而绝望的眼神。堂叔家里猛然间又是哭声一片，那哭声，比去年华弟亲娘死的时候还凄厉悲惨。那哭声里，不管有多少真情也罢，假意也罢，都已经随着

华弟的离去而变得没有任何意义。抱着华弟冰冷尸体又无比心痛的奶奶说，"是华弟的亲娘来接他了，不想让他再受人间的苦痛委屈和似乎永远看不到希望的人生……"

如果，当时他跑向我时我能一把抓住他；如果，我抓住了他他就不会摔倒；如果，他没有摔倒他就不会死……之后的多少个梦中，我独自惊醒，在那了无边际的黑夜里喃喃自责。

可惜，世界上没有如果。

那年，华弟还不到六岁！

第五辑

爱情，若一朵清荷，月下似水又流年

沿着花开的方向，
用生命阅读时光

# 相遇，在最美的时刻

茫茫人海中，总有两个人，会在一定的时间里相遇。或许是老天的刻意安排，又或是冥冥之中的缘分，在这浩渺的偌大宇宙里，在这奇异的三维空间里，两个人，任意的两个人，总能在那一刻相遇。这种相遇，或是爱情，或是亲情，或是友情。而能从相遇发展到相知、相恋、相爱的任意两个人，或许是前世的缘分，让他们，在人生最美的时刻，遇见了彼此。

缘分是个很奇怪的东西。为什么能在人生的某一时刻遇见心中的彼此？记得白落梅说：情到深时，总免不了问一句："为什么要让我遇到你。"是啊，人生就是那么奇妙，总能在不同的人生阶段遇见不同的人。在你呱呱坠地，降临在这个世界上的时候，你会遇见你这一生最重要的亲人，他们会陪伴你一生一世；当你处在天真无邪的童年时期，你会遇见你的朋友、老师和同学，这些人为你的人生将增添一道美丽的风景；当你来到懵懵懂懂的青春时期，你会遇见你生命中第一个令你心动的人，他将成为你最美丽的初恋；当你跌跌撞撞地开始成家立业时，你会梦想与那个你最爱的人携手一生，白头到老；而当你欣喜万分地为人父母时，你又将遇见你这一辈子最想疼爱的儿女，他们是你的心头肉，是你这一辈子永远无法割舍的

182

牵绊；最后当你白发苍苍、年逾古稀，迈着孱弱的步伐和老伴牵手在公园里漫步时，你会遇见你这一生中最后所能见到的所有人……这所有的相遇，集合成一个完整的人生。

所以，人生，就是由一个个不同的相遇组成，这些相遇在不同的时间和空间里出现，人生，得以完美。而倘若没有相遇，我们每一个人，都将只是一粒平凡的尘土，每天为了生活忙忙碌碌，湮没在茫茫人海中；倘若没有相遇，就没有那些感人的亲情、唯美的爱情、真挚的友情；倘若没有相遇，就不会有人世间人与人的真情交流和沟通；倘若没有相遇，人生何来那些婉转曲折的美好？倘若没有相遇，人生哪会有那些轰轰烈烈和生离死别的爱恨情仇？倘若没有相遇，人生哪有一颗颗破碎忧伤的心在绵绵烟雨里千回百转？

相遇，是人生既定的旋律。因为有了相遇，一切便开始改变，有了酸甜苦辣的体验，有了幸福和喜悦，有了忧愁与烦恼，有了责任和担当，还会有意料不到的悲痛和隐忍，痛苦与愤怒，或是永远无法愈合的生离死别的伤痛。所以，有时候，相遇的人们宁可不要相遇，宁可一生不要牵手，宁可不要相恋，宁可不要相爱，宁可不要走进爱情的坟墓。但是，人生倘若没有相遇，又将会是多么的索然无味？

人生的失去与获得，有喜，有悲，有泪。在我们无数次的回眸里，都深深埋着一颗真切的心。尤其是纯美的爱情，总在人生最美的时刻能够相遇。爱情的守望，犹如那蒙蒙细雨的眼神，即使那情人的眼泪，也将定格为人生最美丽的背影。懂爱的人，自会用心去疼惜所爱的人，珍惜那份来之不易的爱情。不懂爱的人，任你迷失在爱的冰天雪地里，终是无动于衷。所以，相遇即是人生的感动，也会让人爱得如痴如傻。

时光如水，在爱的岁月里，相遇的两个人，深深相依。那些年的相遇，似流水一梦，如遍地春花，却依旧把那份爱珍藏在心底。寂寞的心灵不再

无处安放，掌心的花，也渐渐美丽盛开，带着些许忧伤，些许甜美，些许希冀，翘首企盼的，是那一场姹紫嫣红的花事。莫问如何相遇，只因前世的姻缘似曾相见。相遇，亦在最美的时刻！

# 爱一个人，浅浅就好

江南的夏天，总是给人一种安逸和静谧。偶尔有清风经过院落的蔷薇下，便带来一丝野花的芬芳。水意古城的含情脉脉，浅夏如烟，鸟喧蝶舞，花开情浓，再薄凉的人们也温润了这个终会被时光消融的季节。

她叫浅浅，刚刚一个人来到这个陌生的城市上大学。她总是喜欢倚着一米阳光的柔软，收集百花中的芬芳，来酝酿如箭的光阴。看着一幕幕岁月的青藤爬满宿舍楼边邻家的篱笆小院，浅浅地喜欢，深深地爱恋。

浅浅，从一生下来就只喜欢绿色，尤其是夏天的绿。无论到哪里，浅浅只要一抬眼或是一低头，便可看见绿色。仿佛世间的绿色，都是为她敞开的。她常常歪着脑袋一个人傻傻地想，想夏天的第一抹绿，那份翠绿通透，于光影交错间缓缓铺开，深深浅浅，远离浮躁，在光阴的眉宇间，浅释一抹温柔，通往心中的那条悠然小径。

正是在那个浅浅的夏日，浅浅遇见了生平第一个令她心动的男孩子。

那是一个清凉的下午，浅浅口渴难耐，于是下楼去想买根冰棍儿解渴。她拖着一袭雪色的白裙，飘逸的长发在风中荡漾，风儿轻抚她那清秀温柔的脸庞。她飘过之处，无不飘散出一抹清香。在她买回冰棍儿正欲转身回宿舍楼时，转身撞上了一个男孩子。这个男孩子英俊潇洒，风度翩

翱，帅气得如阳光般。浅浅记得自己只在偶像剧里看见过如此明媚的男子。但是现在，这样的男孩子，竟然活生生出现在她眼前，而且还被她撞个正着。

浅浅脸上泛起一丝羞涩，忙给眼前的男子道歉："不好意思，不好意思。请问有没有撞到你？"

男子怔怔地望着浅浅，浅浅一笑："没事，没撞到。就算撞到，也算是我们的缘分。"

浅浅这辈子哪听过这么直接的表白，而且还是第一次遇见的这个男孩子。她更加不好意思，脸上的红晕越发泛滥，弄得她忙低下眼，不敢再抬头看他。

"你好，我叫刘越，很高兴认识你。你呢？叫什么名字？"

"我，我叫浅浅。"

"哦，芊芊？"

"不是，是浅浅，不是芊芊。"

"啊？这名字挺有意思。一般女孩子都叫芊芊，我第一次听人叫浅浅。"

"是不是不好听？"

"没有啊，挺好听，而且很特别，我记住了。"说完就从书包里拿出纸笔，写下自己的电话号码，递给浅浅。

"这是我的电话号码，记得有空联系我哦，我现在要赶去参加篮球赛，否则时间来不及啦，很高兴认识你，记得打电话啊！"说完便骑上自行车，风一样飞奔而去。浅浅还没弄明白自己怎么和他相遇，这个满脸阳光，身上泛着无限朝气的男孩子就已经离去，只留她一个人在那怔怔发呆，心儿砰砰乱跳，手里还拿着快要融化的冰棍儿。

当然，有冰棍儿的日子总是美好的。而时间就在美好中，透过浅浅的指缝，悄悄流过……

浅浅恋爱了，是那种很浅很浅，很纯很纯的爱。她的爱，盛开在这个初夏每一个有冰棍儿的日子里。

还是那个同样清凉的下午，他骑着那辆微旧的，但却看着很温暖的自行车，还是像往日一样，载着她驶过校园的每一个角落。

当经过那个再熟悉不过的冷饮店门前时，他习惯性地问："浅浅，要冰棍儿吗？不过,今天好像有点凉哦,可别感冒了啊！"话语中充满了怜惜。

"要吃要吃，就要吃，我不怕！"浅浅一副天真可爱的小女人样。

"不吃了吧，我去给你买更好吃的。"他怕她感冒，连忙哄着她。

"不嘛，就要吃，感冒了才好呢。那你就天天可以守着我，看我美丽的额头和下巴了啊，呵呵……"

浅浅坐在他的后面，咯咯地甜甜笑着，双手使劲搂着他的腰，生怕深爱的他一不小心就溜掉似的。

他心里乐呵呵地埋怨道："这个小家伙，真是让人怜惜！"嘴上却宠着她，"好好好，买了用微波炉加热吃好不好啊？"他故意逗她。

"加热吃啊……啊？"她一时没有回过神来。

"啊？好啊！真是坏死了，骗人家上当……"浅浅知道自己上当了，挥起那柔嫩的小拳头，就朝他雨点般砸过去……

幸福的打闹声引来了枝头无数美丽的云雀，欢呼鼓舞以往他们每个有冰棍儿的日子！

炎炎夏日，在浅浅的心中，每个有冰棍儿的日子，都是美好的。每一个有冰棍儿的日子，那满街的路灯、万家的灯火、漫天的星辰，仿佛都是特意为她描绘出的美丽画卷。浅浅的美，清新自然，从来都不加任何修饰。浅浅在最好的年华，初见了那个清水一般的人。两颗澄澈的心，如此的美好。那份青春懵懂和初遇的欣喜，在浅浅的心中轻舞飞扬。如此清澈的人儿，即便揽一树花开，安放在浅浅的眉眼里，也一定是贴近

自然，朴素清香。

　　浅浅，多好！爱一个人，就如浅浅，浅浅地就好。浅浅地生活，浅浅地花开花落。卸去人世间的烦琐，于清淡的岁月里，相依相扶，温润如初！

# 想爱时，愿你在身旁

爱情，在这个物欲横流，拜金女盛行的时代，仿佛已经成了一种奢侈品。很多人，不想爱的时候，任意消费他人的情感不懂得珍惜，而等到想爱的时候，却已经如刘若英《后来》里面唱的，爱你的人已经不再。

大部分的爱情，只有在校园里最纯真。校园的爱情，犹如一朵含苞待放的花朵，含蓄而美丽。夹杂着太多青涩和天真。校园里的爱情，没有物质世界里的纷纷扰扰，有的只是两颗单纯向上的心。那时候的爱情，或许才是真正的爱情，才能从简单的两个人的情感世界里感受到最真挚的爱的意义。就如《致青春》《匆匆那年》《左耳》《栀子花开》《同桌的你》等热播青春剧影片里所描写的爱情一样，有对爱情的如火如荼，有对爱情的如痴如醉，还有对爱情的美好向往，也有对爱情的望尘莫及，有的甚至用自己的生命来诠释爱情的真谛，将爱情用自己的一生进行到底。即使拼尽全力，也渴望在人生最美好的青春年华，抓住那份属于自己的爱情。

爱情很神圣，而爱情，并不是每个人都能拥有的。有的人，用尽一生，谈了无数次的恋爱，结过几次婚，也最终没能领悟到爱的真谛，甚至从没有真正拥有过爱情。更多的时候，只是两个寂寞的人在既定的时间里搭伴结伙过日子。那样的爱情不是人们心中理想的爱情。大多数人都会渴望人

生中有一场轰轰烈烈的爱情，即使最终不会有圆满的结局，但是那种轰轰烈烈的爱，为了爱什么都不管不顾，为了爱可以放弃一切现实中的诱惑，为了爱能牺牲掉自己的性命，才叫人刻骨铭心，永生难忘。一般的凡夫俗子的经人介绍便恋爱结婚的爱情，又怎么能叫真正的爱情？

我们爱爱情，通常是爱那种在爱里沉迷，在爱里兜转，在爱里享受，在爱里思念，甚至在爱里哭泣的过程。即便心碎满地，也痛快淋漓。但往往因为这点，许多处于热恋中的人便会走入一个爱情的误区。有的人，在已经给了一个人爱的同时，又经不住诱惑喜欢上了另一个人。那或许就是在既定的时间里老天安排了一场三个人的缘分。但是，这种三个人的缘分，大都是有缘无分。真正用心去对待爱情的人，会理智地看待这种缘分。或者选择留在心底默默地爱着，或者选择站在远处美美地望着，又或者选择如亲人一般在生活里无微不至地关心着。但是也有人宁愿去冒险，也要去体验那种爱情给他带来的感官刺激。于是，这时候的爱，慢慢从烟火味道中弥漫出一股暧昧的味道。但是那种正处在暧昧边缘的感觉，是最好的选择吗？答案当然不是。只是，那个时候的你已迷失了自己。

一个人，一帘梦。是谁说，人只有将寂寞坐穿才可以重拾喧闹。想爱时，当然希望能有个人陪在身旁。但实际上，很多时候，寂寞的忧伤确实无处躲藏。并不是每个人想爱的时候，就有你所爱的人能陪在你身旁。你听，青鸟在枝头歌唱，隔着窗外，暖暖的阳光洒在路人明媚的脸上，春水一般漾着鲜嫩的绿意，柔软动人的情怀，仿佛另一个久违的自己。

然而情感，不过是一逝而过的时光。当岁月苍白了等待，沉淀的心事隐埋在深邃的月光里，桃花谢了春红，人生太匆匆，又有多少感情禁得起时间和距离的考验，又有多少两地相思三生烟愁？谁的深情，能漫过隔岸那清冷的眉眼？谁的柔媚，能抵得过时刻存在的温馨陪伴？谁的内心，又能把控好艳丽而又清淡的灵性禅念？有人说，我只要他的心就够了。如果

这是自欺欺人，你肯定会哭着默认。柏拉图式的精神爱恋，在这个物欲的世界里，已经谢去繁华，早已落幕。只有心没有人陪伴的爱情，即使再美丽的风景，也会随着时间的流逝烟消云散。否则，每到大学毕业季，怎么会有那么多的痴男怨女在校园的某一个角落低声啜泣？怎奈从此天各一方，即使生离死别，也与彼此再无瓜葛。而我们苦苦寻求的，自欺欺人的，不过是找一处将自己的心妥帖安放的地方。

此刻，伴着轻柔的风声，窗外传来悠扬的琴音，仿佛听见了花开的声音。在那样一个月明如镜的夜晚，静静地看月光洒落在窗台，享受那时的馨怡与明亮。在冥冥夜空中告诉生命中的那个人，想爱时，爱如阳光。若是可以，愿你在身旁。

# 有位佳人，在水一方

　　"绿草苍苍，白雾茫茫，有位佳人，在水一方。绿草萋萋，白雾迷离，有位佳人，靠水而居。我愿逆流而上，依偎在她身旁。无奈前有险滩，道路又远又长。我愿顺流而下，找寻她的方向。却见依稀仿佛，她在水的中央。我愿逆流而上，与她轻言细语。无奈前有险滩，道路曲折无己。我愿顺流而下，找寻她的足迹。却见仿佛依稀，她在水中伫立。绿草苍苍，白雾茫茫，有位佳人，在水一方……"

　　每次听见这首婉转优美的情歌，心里总是忧伤不已。天外虽然下着蒙蒙细雨，空气中依旧泛着融融的暖意。清风徐徐，草木葱葱郁郁，拔节生长。万紫千红的花儿争奇斗艳，给温情的岁月增添了朦胧的诗意。

　　诗情画意的我，总是喜欢依在岁月的眉弯里，捻一缕花香，萦绕在我的心头。但那寂寥的心里却满是疼惜，想起池塘里的清荷此时已是早有蜻蜓立上头，想起秋风扫落叶的花瓣再也无人拾起，想起满园春色关不住的花开灿烂和满院子都是清香的气息，不免有一丝感伤从心间悄悄滑过……

　　有位佳人，在水一方，在那月色融融的夜晚，听窗外落花流水。想着一些事，想过一些人，想起那些窗前无语凝笑的过往岁月，想起那个披一身月色，引清风拾阶而上的人。我欲将万千心事调墨为羹，只点一盏袅袅的灯，看窗外万家灯火，笼一杯清新的绿茶，把自己蜷缩在杯底，以一种异常明净的心情，思念那些事，思念那些人。多期望那明净的一刻，云一样来去自由的你，能端起这杯茶，与我在杯底品茗。此时，无声胜有声，你我相望却无言。

有位佳人，在水一方，在刚刚升起的温暖的晨曦里，大朵大朵的阳光越过怀旧的窗枢洒进了雪白的房间。时间过得真快，又是五月了，窗外已是繁花似锦，路边的树木不经意又生出些许绿叶，花儿开得一树一树的白，一树一树的紫，一树一树的粉红或者青黄。那些花儿动人的身姿，恍如一缕记忆的风，又仿佛一滴晶莹剔透的泪，轻轻一碰，便会渗入无比忧伤的情怀。

许多时候，佳人只能用文字诉说心语，平平仄仄的字里行间，写满了诗情画意。在无数个没有星星的夜里折叠思念，如一只只千纸鹤，默默陪伴在佳人身边。那些轻快慵懒的文字，足以明媚佳人一生的寂寥与清欢，从美丽中获得一份从容与温暖，独自痴守着心上的那一朵纯白，任思绪在无尽的黑夜里安然绽放……

有位佳人，在水一方。温暖明丽的季节给了人无数温情的回忆。低眉，案几上那盆蝴蝶兰在风里摇曳生姿。

当那缕温柔的风翻起一页页书篇，不去想，你深邃的眼眸里究竟藏着多少期待与感伤。不去问春去秋来，谁又会在你安静的心湖里泛起波涛涟漪。只想将这淡淡的喜忧和那份刻骨的相思，安放于清婉的字里行间，去诉说人世的悲欢离合。

有位佳人，在水一方。明媚的春日已经渐行渐远，烈日炎炎的仲夏悄悄来袭。不是不喜欢夏天的烈焰，而是当你留恋一个季节，是因为那个季节里有可以回忆的美好片段，有动人的万种风情，有抹不掉的牵念，有深

留在内心的一股执念。而已经习惯了在飘着细雨的日子里拥着一杯清茶，任慵懒的思绪恣意泛滥，静守菩提般的光阴如箭，把柴米油盐的日子想象成万般诗意，纯然地安放在心里……

# 白天不懂夜的黑

很喜欢那句话："冬来，雪倾城；爱来，情倾城；冬过，雪化水；爱过，情化泪！"很美，很有诗情画意！

爱情中的两个人，就如白天和黑夜。白天是你，黑夜是我。两者紧紧相随，相互依偎。有了白天的白，才会有黑夜的黑；有了黑夜的寂静，才会有白天的喧嚣。爱情，就如同人生一样，需要白天和黑夜的相互交替，需要白天和黑夜的不同色彩，需要白天和黑夜的无限风情，才会让爱情变得如人生般绚丽多彩，五色斑斓。如果人生没有波澜壮阔的起伏，没有酸甜苦辣的体味，没有成功幸福的喜悦，没有为人父母的辛酸，那不叫人生。而爱情也如同人生一样，需要各种经历的点缀，需要白天和黑夜的惺惺相惜，需要白天和黑夜的如此默契，需要白天和黑夜的生死相随。

失恋中的男女，往往会去靠接受另一段感情去忘却一个人。而真正的爱情，是忘不掉的，也是不可能替代的。如果单纯靠重新接受一个人去忘却另一个人，那样的爱情不是真正的爱情。即使表面上忘记了，心里也没有忘记，只是想忘记失恋的痛苦的一种自我安慰。这样的你，难道是对爱情负责任吗？难道不是间接地伤害了另一个无辜的人吗？难道不是在浪费另一个爱你的人的感情吗？所以，如果失恋了，千万不要靠接受一段感情

去忘却一个人！

　　失恋并不是一件可耻的事情，也不是一件可怕的事情。相反，在你的人生道路上，失恋还能为你的人生指点迷津，让你看清在感情中，谁更是适合自己的人。因为只有在感情中看清那个最适合你的人，你的爱情才会圆满，婚姻才会幸福美满。或许你很爱他，但是最终你失去了他，这并不可怕，就如同他是白天，你是黑夜，白天不懂夜的黑，他不懂你，放弃你是他的错。更不能靠接受一段感情去忘却一个人，也不要因为一棵树而放弃整个森林。

　　难道放弃爱情，放弃牵挂，放弃一切鸿雁传书似的古典，就会有恶意的快感？好多人早已不相信传统，无视爱情，把七夕还原成一个时间点。或许是因为太容易得到的缘故，我们越发地对爱情表现出无所谓的抗拒，没有人再相信一生一世的神话，每个人都可以轻易成为欺骗或者被欺骗的对象，在这个时候，我们遥想古书里的痴男怨女的催人泪下的爱情故事，便更加确信现代爱情的漏洞百出，这个时候，我们中的有些人会说，放弃爱情！

　　说这话的人，多半是经历了感情的沧桑或者尚还年少轻狂，但所谓放弃，或许只是那一个低头的动作，或者假装坚强，我们中的人，又有谁，能够真正放弃那两个人的窃窃私语，手牵手的简单执着，以及拥吻时内心的甜蜜和痴缠呢？不要说放弃，放弃了，你又如何知道下一段爱情的甘美，你又如何明白这个邂逅的男人会是自己幸福的归属，你又如何懂得那些荡气回肠的爱情故事其实就是藏在你们相爱的每一个点滴里。

　　所以，放弃什么也不要放弃爱情。因为你失去的只是春天的一朵花，而整个春天还是属于你的！虽然白天不懂夜的黑，但爱情会来的，幸福也会有的，只要我们耐心等待，美丽的爱情，定会向你走来！

# 初恋，在生命的枝头万紫千红

一束暖阳越过窗枢落在吴月冰白净清秀的脸上。这一刻，她多想携一份静好的时光，与温暖言欢。万般情事，诸多悲喜，虽上眉梢，但最终不过是大海里的一粒流沙，无须牵强，不必苛求。让那份美好的念想如旭日般在心底明媚。岁月温良，初恋，犹如清晨里的第一束阳光，倾泻而下，绽放在她生命的枝头，刹那间开出了万紫千红。

## 一 初遇

那年，吴月冰 22 岁，正是如花似水般的年华。她性格内向、娴静，闺蜜谭萍萍则热情大方、喜爱交际。吴月冰总是一到周末就被谭萍萍拉去大学生活动中心学跳交谊舞。正是在那里，她遇见了人生中的第一个他。

那是个夏日的傍晚，月光皎洁如水，微风习习。绿树成荫的大学校园里，随处可看见一对对温情浪漫的大学生情侣或牵手散步，或坐在小花园的长凳上甜蜜偎依。吴月冰换上自觉是最漂亮的一条洁白长裙，披散着一头长发，兴奋地和闺蜜一路小跑来到大学生活动中心。当吴月冰走进活动中心时，她明显能感觉到无数惊艳的目光。

舞池里灯光闪烁，人影摇曳。那些活力四射、青春无敌的大学生在一

周繁忙的学习后，在这里肆无忌惮地绽放激情。吴月冰和谭萍萍因为是第一次来，便安静地坐在一旁的休息处，希望能有男士来主动邀请。羞涩不语、皮肤白净的吴月冰在绚烂灯光的衬托下显得更加美丽白净。

这时，风度翩翩、笑容满面的男士朝吴月冰走了过来。

"你好，请问可以邀请你跳个舞吗？"男士非常绅士地做了个邀请手势。

"不好意思，我不会跳交谊舞。"因为太突然，吴月冰显得有点惊慌失措。

"没关系，我来教你。"男士非常热情地伸出手来，吴月冰仿佛能闻到他宽大的掌心在空气中挥散出的温柔味道。

吴月冰正左右为难时，谭萍萍轻轻推了她一把："去吧，如果不去跳，怎么学得会呢？"

在闺蜜的怂恿下，吴月冰颤巍巍地把手递过去。当触摸到他手的那一刻，她的心便突然怦怦直跳。难道这就是传说中的一见钟情？

他牵着吴月冰旋进舞池，耐心地教她跳舞。吴月冰随着他的步伐翩翩起舞。白色的纱裙飞扬起来，也拨动着他的心弦。吴月冰能感觉到他握着她的手的温度和炙热的目光。吴月冰更加羞涩，不敢抬头看他的眼，可心里已经甜蜜如花儿般。他就是吴月冰心中理想的白马王子，英俊潇洒，风度翩翩。

舞会结束得太匆匆，虽然他们相互都有好感，可没来得及留下联系方式。

## 二 重逢

恋恋不舍的吴月冰，期待和他的再次相遇。可是，一连两周，那个灿烂绚丽的舞池里，再也没有出现他的身影。吴月冰本以为彼此就这样再也不会有联系。可谁曾想到，一个月后，她竟奇迹般地再次与他相遇。

那一刻吴月冰是多么惊喜！而他也主动要了吴月冰的电话号码。

在他的主动下，他们开始了频繁约会。原来他是拥有高学历的人民教师。那以后，他经常带她去碧波荡漾的湖边散步，去郊区的山间看她最喜欢的满山红艳艳的杜鹃……如此才华横溢、细心体贴的他，哪个女孩不心动？几个月后，在同学们羡慕嫉妒恨的目光里，吴月冰没有任何理由不答应做他的女朋友。

恋爱的日子是幸福而甜蜜的，吴月冰多想时间就在那一刻永远定格。

他们正式交往了一年，一向心高气傲、对爱情执着的吴月冰，为了拉近他们在文化上的距离，下定决心本科毕业时继续考研。

那年暑假，他去了外地继续攻读学位，而吴月冰则选择了留在学校，开始了日夜颠倒的考研大战。她每天艰难而寂寞地过着教室、食堂和宿舍三点一线的生活。对吴月冰来说，考上研究生的难度可想而知。但在爱情面前，吴月冰愿意奋勇直前，哪怕前面道路坎坷，布满荆棘。他们虽然相隔遥远，爱情也依然甜蜜。他亲口对她承诺：等你考上研究生，我们就结婚。

对他的话，吴月冰一直深信不疑！

## 三 离别

临近深冬，全国硕士研究生入学考试即将开始。他特意从外地回来陪她度过最后的备考阶段。有他的精心辅导，吴月冰很快顺利地参加完所有考试，然后他们在依依不舍中各自回老家过年。

有时候，幸福来得太突然，也注定会走得很突然。那年的大年初三，吴月冰突然接到了他的电话："月冰，我家里不同意我们的事情……我们分手吧。"

吴月冰一下蒙了，以为只是他在和她开玩笑："别逗了，你喝酒喝多了吧？"

"是真的，我没有逗你。其实我家里一直不同意我们在一起，但我不

敢告诉你，怕影响你复习。"他很认真地对吴月冰说，态度明确而坚定。

"好，就算是真的。难道就因为你父母不同意，你就打算放弃？你不是说等我考上研究生就结婚吗？难道都是骗我的？"事情来得太突然，没有任何征兆，吴月冰有点失去理智，声嘶力竭地在电话里质问他。

"我没有忘记我对你的诺言，我对你的爱也是真的。可是我真的压力很大，我有我自己追求的理想，我会尽我最大的努力帮助你的，但是……"吴月冰在电话那头开始抽泣。听见她苍凉的哭声，他的声音也有点哽咽。

"爱是需要怜悯的吗？我阻拦你追求理想了吗？我一直在努力追随你的脚步啊！"吴月冰绝望地朝他哭喊，不愿相信他是个不敢为爱冲出家庭枷锁的懦夫。

"对不起，真的对不起。我准备要出国了，希望你能理解我！"话刚说完，他就决绝地挂断了电话。吴月冰来不及再次质问，也来不及在他耳旁哭得落水流花。

她死命地重拨他的电话。一遍，十遍，二十遍……他始终不再接听电话。

吴月冰有一种从天上掉到地下的感觉，痛彻心扉。她在心里问了自己无数遍为什么。到最后，她竟然鼓起勇气为了她的初恋做了这一生中最为疯狂冲动的决定。她要去他家找他，她要为自己的初恋"买单"。

## 四 珍藏

大年初四，凌晨5点。吴月冰没有告诉父母，怀揣着身上唯一的五百元钱和手机，带着一丝希望，踏上了去他家的长途客车。

一路上，风雪交加，客车艰难前行。路上几次碰见大客车出车祸，坠入一眼望不见底的百米深渊。但吴月冰望着窗外羽毛般飞落的大雪和曲折妖娆的盘山公路，心里没有丝毫畏惧。当她昏昏沉沉地抵达他家时，已是晚上七点。她出发前曾给他发了条短信息，果然，他在车站已经等了她两小时。

一见到他，吴月冰的兴奋无以言表。但因为舟车劳累，又冷又饿，她浑身瑟瑟发抖。他走到她跟前劈头盖脸地大声责备埋怨："你怎么这么任性？大年初四你离家出走。这么下雪的天，高速路上都封路了，还出了好多车祸。你这样一个人过来不但是对自己不负责任，还是对家人不负责任，你简直太让我失望了……"

那一夜，他把吴月冰一个人安顿在宾馆里。他们就那么静静地坐着。吴月冰没有再问他为什么。她千里迢迢，从雨雪冰霜中为他而来，不顾生命，而她在他眼里看见的，只有无尽的责备和冷漠。才转眼时间，似乎两人就已经成了陌路。吴月冰眼里噙着泪，却也感觉到他的身不由己和无可奈何。她努力安慰自己，也许，相爱的两个人并不一定能在一起。

第二天，吴月冰便独自返家。他们从此再无任何瓜葛。那份爱，对他来说，或许太沉重。而善良美丽的吴月冰，尽管伤痕累累，却最终选择了理解与宽容。因为吴月冰已经深深懂得，曾经相爱的两个人并不一定能在一起。爱一个人，就应该给他自由，让他更加幸福快乐。而吴月冰的初恋也就此结束。

岁月温良，对于吴月冰，初恋，即使没能开花结果，却犹如清晨里的第一束阳光，倾泻而下，努力绽放在她生命的枝头，刹那间开出了万紫千红……